Let's make blog easily with WordPress!

はじめてのブログをワードプレスで作るための本［第3版］

WordPress

WordPress5.X対応

じぇみ じぇみ子［著］　染谷昌利［監,著］

秀和システム

はじめに

「ブログをやってみたい！」

そう思ったとき、あなたがまずイメージするのはAmeba（アメーバ）ブログやはてなブログといった無料のブログサービスですよね。

でも、もしもあなたの中に、次のような想いが少しでもあるなら、私は迷わずワードプレスで自作することをオススメします。

いつかは、ブログでお金を稼いでみたい！

たしかに、無料ブログサービスを使った方が簡単です。ワードプレスを使うとなると「自作」するわけですから、ドメインやサーバーをレンタルしたり、そもそも「ワードプレスの使い方・操作方法」を覚えなければなりません。

正直、強烈に敷居が高そうなイメージですよね。腰が引けてしまう方も多いでしょう。

でも、これだけは先にいわせてください。

ワードプレスでブログを作るのは、メチャメチャ簡単です！本書を見ながら作業してもらえれば、本当に楽勝なんです！

本書では、思いっきり分かりやすく「ブログの作り方」だけを説明しています。

巷に溢れている「ワードプレスの入門書」は、なぜか「仕事に使うWebサイト（自社サイト）を作る！」ことを前提にした内容になっていますが、本書は「ブログだけ」です。

もっというと、「そんな凝った作りではない普通のブログ」を速攻で立ち上げましょう！という主旨です。

実際、今って「ブログで稼ごう！」的な本がたくさん出ていますよね。ああいうのを読んで、「よし、自分もブログをやってみよう！」と思い立つ人って、すごく多いと思うんですよ。で、ちょっと調べてみると「どうやら、ワードプレスというものを使って、自分で作らないとダメらしい」ということが分かる。

え？ ドメインとかサーバーとか、何それ？
ワードプレスなんて触ったことすらないし。
PC系の自作なんて、全く縁の無い人生だったし。
そんなの自分には無理でしょう！！！

そんな絶望感に襲われ、やっぱり無料ブログサービスで妥協しようかなという気持ちになりつつあるあなたに、ぜひとも読んでいただきたい1冊が本書でございます。

もちろん、ワードプレスで作ったからといって、ブログの目的は「お金稼ぎ」だけではないですよ。

あなたの仕事（本業）に活かすためのブログ、あなたのセルフブランディングのためのブログ、家族との思い出を書いたり、自分の好きな商品をシェアしたり、イベント情報の覚書をしたり、そんな感じでブログの可能性はまさに無限大なんです。

そんなブログを、本書で一緒に作ってみませんか？

ぜひ、お手伝いさせてください！

読者さまへの無料特典をご用意しました！

実際にブログをワードプレスで作って、記事を書き始めてから1～2ヶ月くらい経つと、例えばブログデザインのカスタマイズ方法とか、絶対に知りたくなる情報があります。

でも、本書はあくまで「1冊目に読む入門書」なので、そこまでやるのは少し敷居が高いかなということで掲載を見送ったんですね。

そこで、そんな「ちょっと上の情報」を、読者さまへの無料特典として公開することにしました！

具体的には、次のような特典内容となっています。

お試し用画像セット・感想記事用のフリー素材
ウィジェットの設定方法
お問合わせフォームの作り方
ブログの配色に役立つサイトの紹介
英語テーマを使った場合の日本語フォントの話
困った！よくあるトラブルの対処方法

どれもお得な情報ばかりですので、ぜひともアクセスしてみてくださいね！

◎特典のお知らせ・PDFのダウンロードURL
https://tora-maki.tech/tokuten/

はじめての
ブログを
ワードプレス
WordPressで
作るための本
WordPress5.X対応
[第3版]
BLOG

Chapter 3

いよいよ、記事を書いてブログをスタートさせよう！

Chapter 4

ブログの記事に画像を入れて、もっと楽しい記事にしよう！

Chapter 5

できる限り、ブログは毎日更新しよう！

Chapter 6 ブログの見た目を変えてみよう！

Chapter 7 そろそろ、ブログでお金を稼ぐことも考えてみよう！

Chapter

1

ドメインとサーバーをレンタルして、ワードプレスをインストールしよう！

Section 1 今からやるならワードプレスしかない！

●ブログを「お金を稼ぐチャンス」につなげよう

今さらかもしれませんが、ブログには大きな可能性があります。特に、「お金を稼ぐ」という意味では、ブログの威力は絶大です。

現に、私自身も8年前にブログを始めてから3ヶ月ほどで収益をあげ始め、今ではWEBライターの仕事やブログの講師、ワードプレスの導入支援などなど、ブログをきっかけに得ることができたお仕事がたくさんあります。

ちなみに、今でも月の収入の半分以上は、ブログからの収益です。

さらに見ての通り、ブログをきっかけに本を出版することができました！

もちろん、「そんな大きな目標は特にないけれど、ブログって楽しそう！」くらいに思っている方もたくさんいると思います。でも、同じように「ブログのための記事を書き続ける」なら、いろいろとお金を稼ぐチャンスにつながった方が良いですよね（今すぐにはやらないにしても）。

●無料ブログで始めればいい？

さて、いざブログを始めようと思ったら、まず頭に思い浮かぶのは「アメーバブログ、ライブドアブログ、はてなブログ、note」などの、無料でも使えるブログサービスなんじゃないかと思います。無料だし、作るのも楽だしで良いことづくめ！

でも、ちょっと待ってください。

たしかに、無料ブログサービスを使えば良いこともたくさんあります。何より、楽ですからね。

でも、最初に断言しちゃいます！

これからブログを始めるなら、もうワードプレスしか あり得ません！

あなたに、ほんのわずかでも「いつかは、ブログでお金を稼いでみたい！」という想いがあるのなら、少し面倒くさいかもしれませんが、ぜひともワードプレスを使って、自分でブログを作ってみてください。

絶対に、損はさせませんから！

●自分でブログを作るって難しいのでは？

そんな風に身構えてしまっている方、すごく多いと思います。実は私も、やってみる前は思いっきりそう思ってました。ホームページとかを自分で作るなんて、別次元のお話でしたからね。

でも、それはものすごく大きな誤解なんです。
実は、ワードプレスってとてつもなくカンタンなんです！

ちょっと真面目に作業すれば、２～３日で自分だけのブログが作れちゃいます。しかも、その作業は最初だけな上に、すごくカンタンです。だったら、後で良いことがありそうだし、ワードプレスで作っちゃうしかないですよね？

ついでにいうと、本書はそのための、メチャメチャ分かりやすい入門書なんです！

●なぜ、無料ブログサービスではダメなのか

もしかすると、「でもやっぱり、無料ブログサービスの方がカンタンそうだし」なんて思っている方がいるかもしれませんね。だからここで、「無料ブログサービスではダメな理由」をきちんとお伝えしておこうかと思います。

記事のための文章を書くだけであれば、無料のブログサービスで十分です。便利な機能も充実しています。なのに、ワードプレスで作っておいた方が良いのは、なぜなのでしょうか？

ここで、次ページの図1-1-1を見てください。無料ブログとワードプレスの違いを、表にまとめてみました。

● 図1-1-1　無料ブログとワードプレスの違い

	無料ブログ		ワードプレス	
ブログのURL	△	URLにブログサービス名が含まれるので、どうしても長くなってしまう。	○	自分で決められるので、短くしたり、好きな文字列にすることが可能！
運営の自由度	△	運営会社の規約に縛られて、結構面倒。	○	基本的に自由！（※常識や法律の範囲内ですが）
申込み手続き	○	メールアドレスと氏名等の基本情報だけで、すぐに利用可能！	△	URL取得やレンタルサーバーの手続き、ワードプレスの導入などの手続きが必要。
かかる費用	○	無料でほとんどの機能を使える！	△	月に500～1000円程度のお金が必要。

こうしてまとめて見ると、どちらも一長一短という感じに見えますよね。でも、図の2番目にある「運営の自由度」、これが後々の「お金稼ぎ」では、ものすご～く大きく関わってくるんです。この差があるからこそ、最初の作業が少し面倒くさくても（カンタンですが）ワードプレスでブログを作ってください！と言い切れるのです。

ちなみに、URL（ブログのアドレス）を自分で決められるのも、地味に後で効いてきます。

とにかく、無料ブログサービスではダメ！

そんなマインドセットを、ここで終わらせておいてくださいね。

●実際にかかる「お金」と「手間」について

良いことばかりをアピールしてもうさんくさいですから、ここで改めて、ワードプレスでブログを作る際に発生する「お金」と「手間」について、正直に書いてしまいましょう。

ワードプレスでブログを作るためには、「独自ドメインの取得手続き」や「レンタルサーバーの申し込み」、「ワードプレスのインストール」など、ちょっとした手間がかかります（聞きなれない言葉が並んでいるかもしれませんが、今は気にしないでください）。

そして、この「独自ドメイン」と「レンタルサーバー」には、費用が発生するのです。

独自ドメインを取得するのに必要なお金は、年間1,000円〜3,000円程度（キャンペーンで年間99円なんてときもあります！）です。あと、レンタルサーバー代は、月間500円〜1,000円程度かかります。

▼ 実際にかかる費用

独自ドメイン：年間1,000円〜3,000円程度 レンタルサーバー：月間500円〜1,000円程度

これを、高いと見るか安いと見るかは人それぞれだと思います。

でも、ここはぜひとも「先行投資だ！」と割り切っていただきたいです。お酒を飲みに行く人であれば２〜３回の飲み代程度でしょうし、確定申告することになったら必要経費にもできちゃいます。

絶対に、意義のある先行投資ですから！！！

ところで、ドメインとは、「https://（http://）」から始まるURLのことです。要は、インターネット上の住所のようなものです。現実社会でも同じ住所が2つが存在しないのと一緒で、ドメインも世界に1つだけしかありません。

●そもそもワードプレスって何？

基本的なことを説明していませんでしたね。ワードプレスとは、簡単にいうと「自分用のブログやサイトを作れるアプリケーション」です。

具体的な見本を見てみましょうか。

次ページの図1-1-2をご覧ください。これは、ワードプレスで作ったブログです。こんな感じのブログを、サクッとカンタンに作れるのがワードプレスプレス、しかも無料で使えるのですから、最高にお得だと思いませんか？

● 図1-1-2　ワードプレスで作ったブログ「まにぴん」

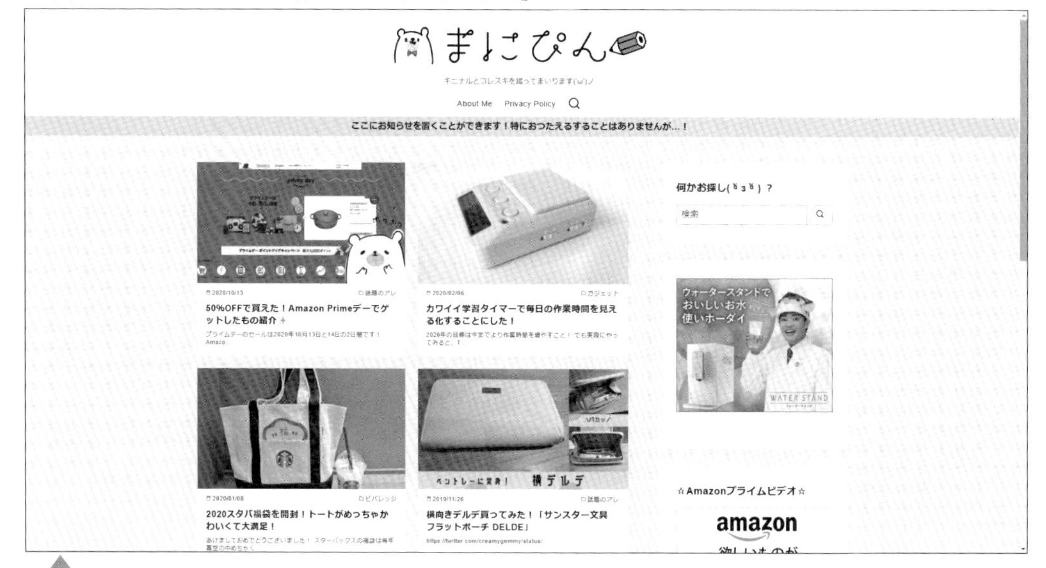

これは、著者（じぇみ）のメインブログ「まにぴん(maniac-pink.com)」です。嬉しいことに、デザインがカワイイと褒めていただくこともしばしば！　でも実は、無料のデザインテンプレートである「y-standard」を使って、色などを変更しているだけなのです。すごいテクニックは何も使っていません！

●独自ドメイン・レンタルサーバー・ワードプレスの関係性

さてここでワードプレスを使うための用語が3つ「独自ドメイン」「レンタルサーバー」「ワードプレス」と出てきました。

ワードプレスも含めて、この3つの関係性を一旦イメージで整理してみましょう。

● 図1-1-3　ドメイン・サーバー・ワードプレスは全部別物！

サーバー＝土地・ドメイン＝住所・ワードプレス＝建物のイメージ！

レンタルサーバー会社から自由に管理できる土地を借り、独自ドメインを取得してみんなが来られるように住所を用意し、ワードプレスを使ってオシャレな一軒家を建てる。

そんなイメージです。

対する無料ブログは「家具付きマンション」のようなイメージですね。管理会社と契約すればすぐに使えるけど、外装をまるっと交換することが難しく、似たり寄ったりになります。

土地・住所・建物とイメージすると、それぞれの管理方法や契約する会社が違うことが想像できると思います。

ワードプレスブログもこれと同じで、それぞれにIDやパスワードがあり、別個で作業をします。

▼ワンポイントアドバイス

１つのレンタルサーバーに複数のブログデータを置くことができます！
その場合「ドメイン」だけ複数用意すれば、オトクにワードプレスのブログを複数持てます。

例）A：映画の感想サイト（movie-fun.xxx）
　　B：クレジットカードのポイント貯めメモ（poi-tame.xxx）
　　C：お買い物レビューブログ（osaifu-yabuketa.xxx）

A・B・Cを１つのレンタルサーバー契約で運営できちゃうんです♪

でも、最初から一気にいろいろやろうとすると、なかなか進まなくなってしまうので、浮かんだアイディアはメモをして横に置いておき、**まずは１つ**自分が楽しいと思えるブログを一緒に作っていきましょう！

●いろんなサービスがあるけど、今回は一体型で作ってみよう！

独自ドメインを取得するには、本来Google Domainsやムームードメインなど個別のサービスを利用しますが、今回はレンタルサーバーの契約をすると無料でもらえる独自ドメインがあるので、それを使ってブログを作りましょう！

こうした一体型のサービスを利用することで、すっごく簡単にブログが作れますので安心してくださいね。

Section 2

最初の作業：レンタルサーバーを契約する

1 2 3 4 5 6 7 おまけ

●レンタルサーバーを契約しよう

さて、まずは土地を用意するために「レンタルサーバー」と契約をしましょう！

レンタルサーバー上にワードプレスをインストールし、ドメインと紐づけることで、他の無料ブログサービスのように、読者がいつアクセスしてもブログが見られるようになります。

● 図1-2-1 ブログが24時間アクセスできる仕組み

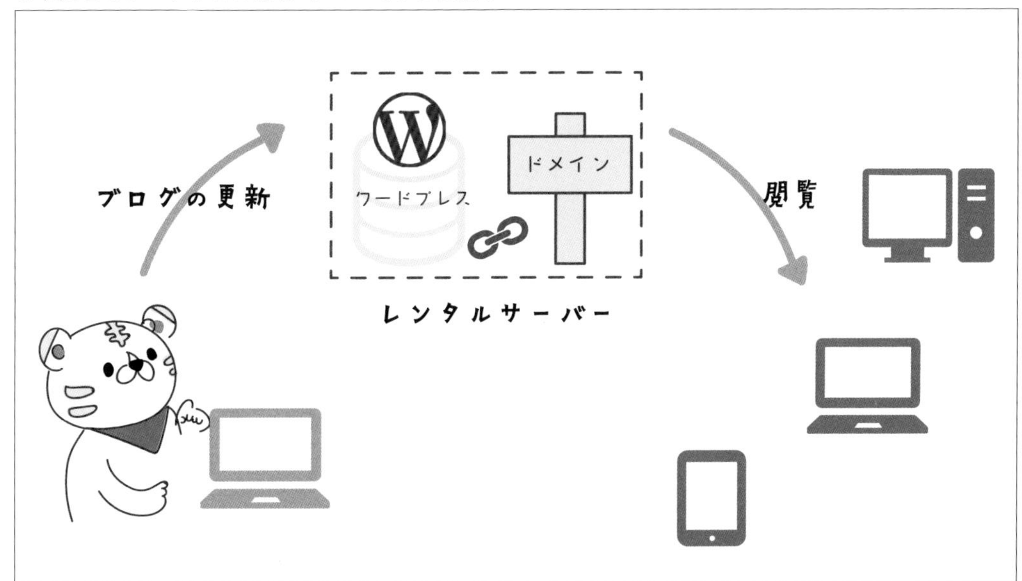

レンタルサーバーは、いろいろな会社が運営しているサービスがあり、プランも様々です。安定していて速度が速いこと、これがストレスなくブログを運営するのに必要不可欠なポイントです。

筆者のオススメは「エックスサーバー」か「ConoHa WING」です。

初心者の方に特にオススメしたいのが、ConoHa WINGの「WINGパック」というプランで、これは独自ドメインも無料でついてきます。土地を契約したらついでに住所などの登録もしてもらえるというイメージで、1つ管理する場所が減るというのは嬉しいポイントですよね！

▼ ConoHa WINGがオススメのポイントまとめ

- ワードプレスの自動インストールなどカンタン
- いざというときに電話やメールサポートがある
- 価格がリーズナブル
- 動作が安定している
- 速度が速い
- 海外からのアクセス制限などセキュリティに力を入れている
- Wingパックだと独自ドメインがついてくる！

ConoHa WINGの使用料は、月額で1,000円程度です。そして、安定した動作が期待できて、なおかつサポートも充実しています。検索エンジンの超大手であるGoogleが推奨している、セキュリティを強化するサービス（独自SSL ＝https://というURL）についても、無料でカンタンに対応できます（詳しくは、後で説明しますね）。

使用料がもっと安いレンタルサーバーの契約もありますが、画像ファイルのアップロードに時間がかかったり、複数ブログを運営しようと思うと設定が難しかったり、アクセスが増えたときに表示できなくなったりと、細かい不便さに見舞われることがあります。

こういったいろんな不満を抱えて、ステップアップのためにサーバーの引越しをするブログ運営者も数多くいます。

実はサーバーの移転って結構大変なんです！最近はお引越しプラグインやサービスを用意しているレンタルサーバーも増えましたが、引越したけどうまく表示されなくて、自分で直せない、といったトラブルもあります。

初心者の方こそ、多少高くても安定して長く利用できるサービスの方が絶対にいいです！

そしてその1つがConoHa WINGです。

1
2
3
4
5
6
7
おまけ

●HTTPS・常時SSL化は、これからブログ運営をするなら必須！

サイトやブログのURLって、「http」から始まるものと「https」から始まるものがあることに、気付いてますか？

実は、「https」から始まるＵＲＬは、「インターネット通信が安全に行えますよ」という目印なのです。

近年まではhttpが主流でしたが、Googleが「https化が検索順位にも影響を及ぼす」と発言すると一気に広まり、個人ブログなどにもその波が広がりました。

▼ 常時SSL化のメリットは？

・検索順位向上
・ブログの信頼性の向上
・通信内容の盗聴や改ざんを防ぐ
・なりすましを抑制

常時SSLを有効にしていると、このようなメリットがあり、「安全なサイト」であるという目印になります。

ブログ全体でセキュリティが強化されるというのは、ユーザーにとってだけでなく、運営者の私たちにも魅力です。

だから、これからブログを作るのであれば、常時SSL化は必須といえるのです！

ちなみに、後から対応させるのは非常に面倒なので、最初にやってしまいましょう。基本的にはボタンをクリックしていくだけなので、カンタンにできますよ！

●ConoHaを契約する手順

図1-2-2がConoHa by GMOの公式サイトです。

ConoHaのホームページにアクセスすると、図のようなサイトが表示されます。枠で囲った［今すぐお申し込み］をクリックしてください。

● 図1-2-2　本書オススメのサービス「ConoHa」

このページのURLは「https://www.conoha.jp/」です。「このは」で検索もOK！

さて［今すぐお申込み］をクリックすると図1-2-3の画面になるので、メールアドレスとパスワードを入力して［次へ］をクリックします。

● 図1-2-3 レンタルサーバーの申し込み

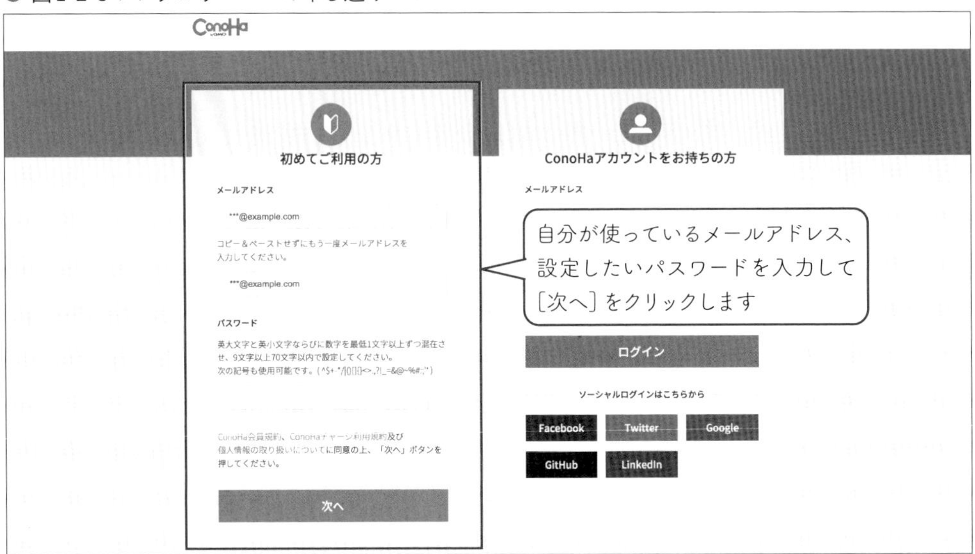

続いて料金プランの選択をする画面です（図1-2-4）。

● 図1-2-4　料金プランを選択する

「リザーブド」というのが出てくることもありますが、選ぶのは「ベーシック」です。ベーシックのまま○ヶ月のプランを変更してくださいね！

ややこしいので整理しておくと、「ConoHa」がやっているレンタルサーバーのサービスが「ConoHa WING」という名前で、長期利用者向けの料金プランが「WINGパック」です。

WINGパックで申し込むと、独自ドメインが無料で使えて長期利用割引がつき、大変オトクです！ただWINGパックには最低利用期間が3ヶ月あるので、無料の独自ドメインが不要で、3ヶ月やるか分からない場合は、通常の料金で申し込み、お試ししてから切り替えるということも可能です。

ブログの効果が出るまで半年から1年はかかるので、長期利用割引は大変ありがたいサービスですよね。

その時々で割引がいろいろ入っていますが、オススメは6ヶ月か12ヶ月のパックです。ただ先払いが必要ですので、お財布と相談してみてください！

どのパックにするか決めたら、図1-2-5を参考に入力しましょう。

● 図1-2-5 初期ドメインを入力

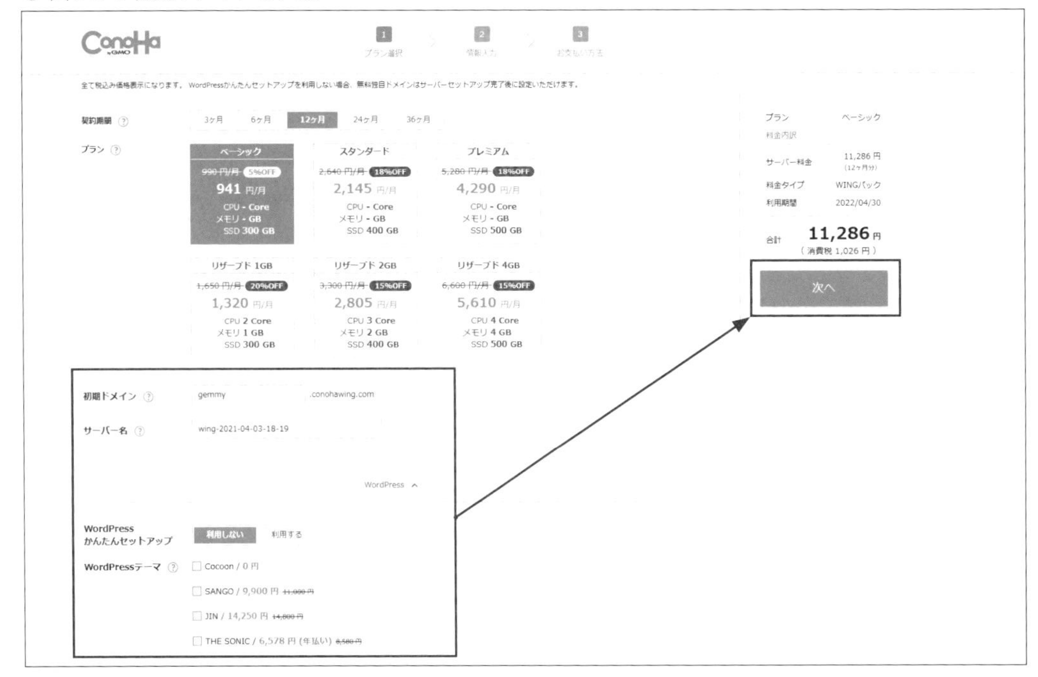

- **初期ドメイン**：好きなものを入力します（基本的に使いません）
- **サーバ名**：そのままにします
- **WordPressかんたんセットアップ**：「利用しない」
- **WordPressテーマ**：すべてにチェックを入れません

設定が終わったら、右側にある［次へ］をクリックします。

▼ ワンポイントアドバイス

ConoHaと連携しているワードプレスの有料テーマを、お得に購入することができます（希望があれば後からでも買えます）。Cocoonというテーマは無料ですが、これは元々無料のテーマなので焦らなくとも大丈夫です！

● 図1-2-6　契約者情報を入力する

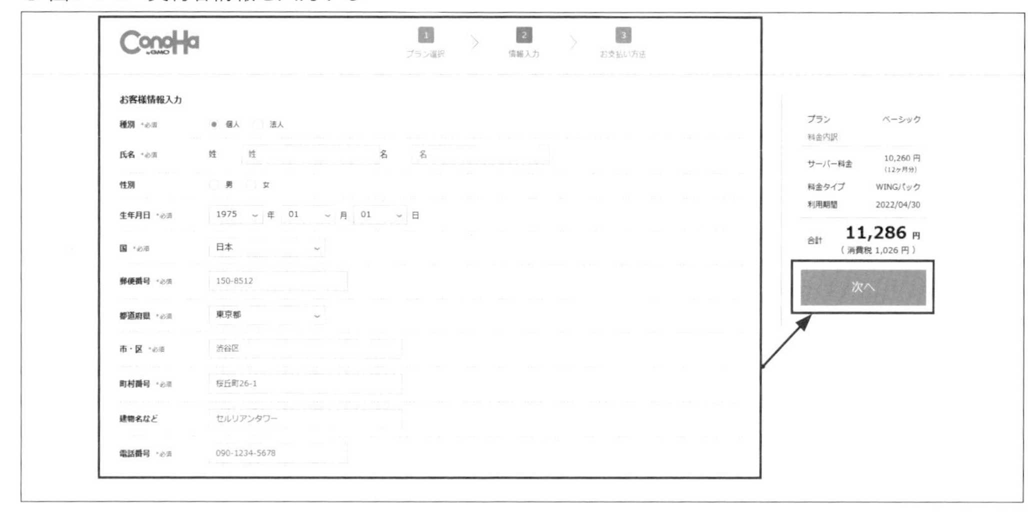

続いて上の図1-2-6の画面が出てきますので、契約者であるあなたの情報を入力していきます。必須情報の入力が終わると押せるようになる［次へ］を押して、先に進みましょう。

● 図1-2-7　SMS認証をする

本人確認のために連絡がつく電話番号を入力し、SMS認証か電話認証を行います。携帯電話の番号を入力して［SMS認証］をクリックします。

● 図1-2-8　届いた4桁を入力する

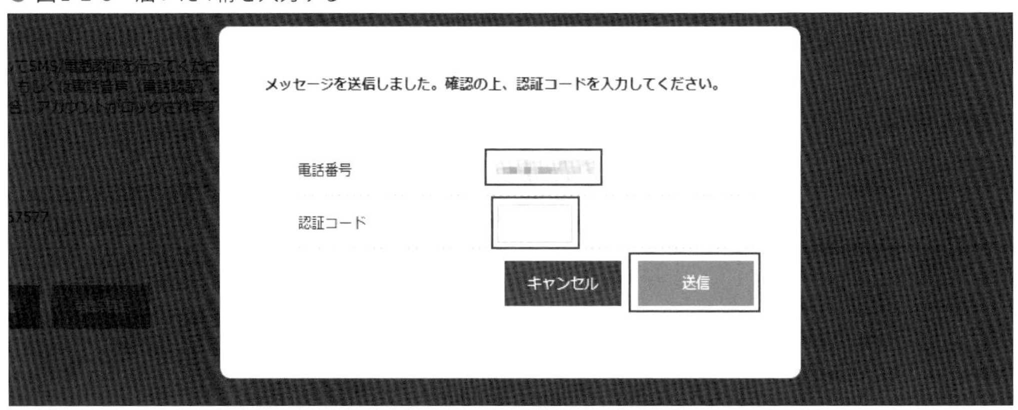

入力した携帯電話に、すぐにSMS（メッセージアプリなど）が届きます。「ConoHa認証コード ****」という内容で、この数字4桁を図1-2-8の画面に入力し［送信］をクリックします。

認証が成功すると、料金決済の画面（図1-2-9）に移ります。

● 図1-2-9　支払い方法を選択する

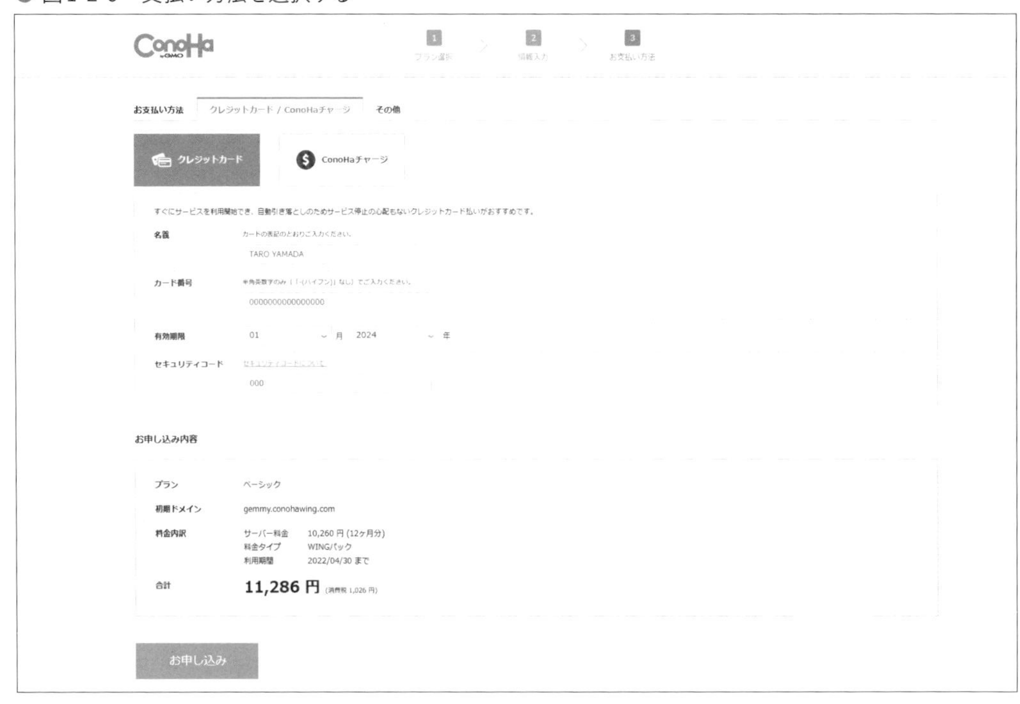

クレジットカードかConoHaチャージで支払うことができます。

ConoHaチャージというのは、先に利用料金分のポイントを入金してプリペイドカードのように使えるサービスです。

ConoHaチャージの支払いを選ぶと、コンビニエンスストア払いや銀行決済(ペイジー)なども選べます。

またAmazonPayやPayPal、Alipayを使いたい場合も、チャージで支払う方法になります。

好きな支払い方法を選択し、必要事項を入力したら[お申込み]をクリックします。

成功すると、図1-2-10のような画面になります。

● 図1-2-10　申し込み完了と独自ドメインの設定へ

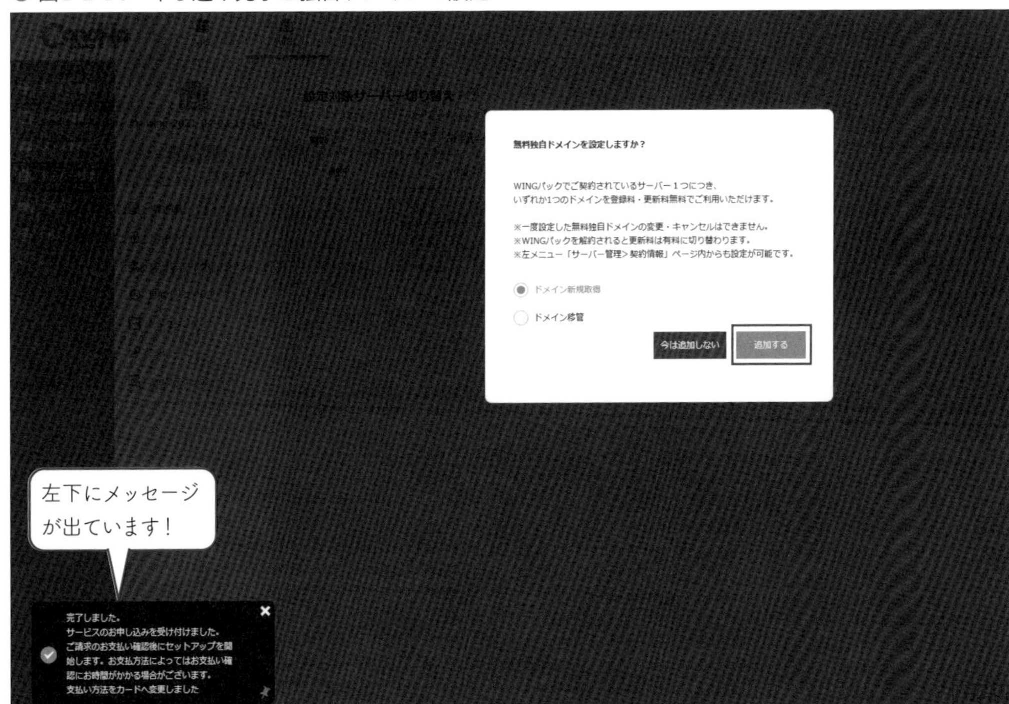

これでレンタルサーバーの契約が完了しました。続いてドメインを取得して連携していきます。

図1-2-10の画面が出ている方は、ドメイン新規取得が選択された状態で［追加する］をクリックします。できた方は、このページ下部の「ドメインを取得する」へ飛んでくださいね。

間違って消してしまったなど、レンタルサーバーの管理画面になってしまった方は、左メニューの［ドメイン］をクリックすると図1-2-11のような画面が出てくると思いますので、こちらで［ドメイン新規取得］→［追加する］を改めてクリックしてください。

● 図1-2-11　メニューからドメインをクリックしても同じ画面が出る

●ドメインを取得する

さて、続いてブログの住所となるドメインを取得しましょう。

図1-2-12のように、自分で考えたドメインを入力し、虫メガネマークをクリックしましょう。するとその下の部分にドメインの一覧が出てきます。

● 図1-2-12　自分で考えたドメインを検索してみる

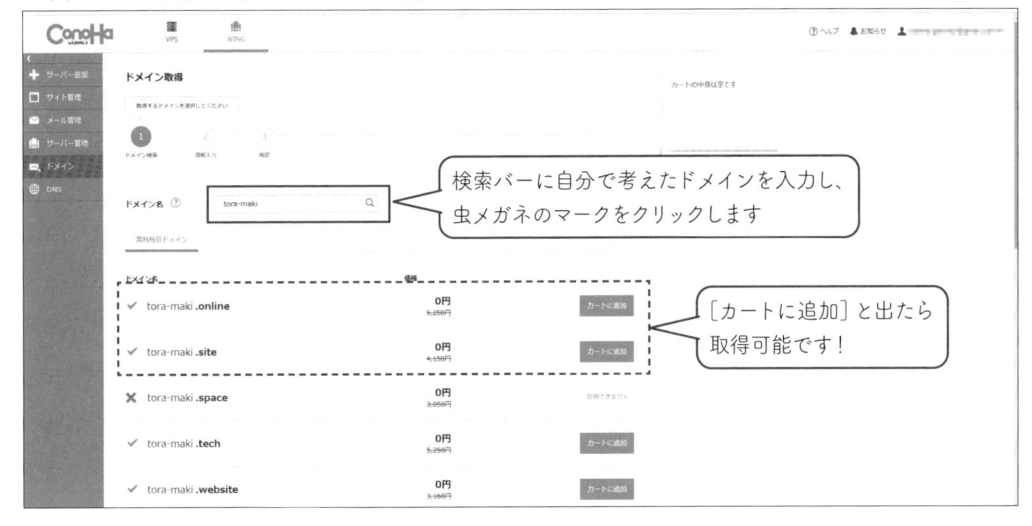

［カートに追加］のボタンが出ていれば、そのドメインが使えるということになります（つまり、そのドメインはまだ誰にも使われていないということです）。もちろん、「取得できません」が出た場合は使用できません。

ところで、よく見ると入力したドメイン名の後ろに、「.online」や「.tech」みたいな表記がついていますよね。実はこれも好きなものでかまいません。人気なのは「.com」「.jp」「.net」あたりです。

●独自ドメインは短くシンプルに、分かりやすいものがオススメ！

繰り返しになりますがドメインはブログの住所、アドレス（URL）になります。ですから、できるだけ短くて、かつ意味のある文字列にしておいた方が良いでしょう。

図1-2-13を見て、アドレスの長さに注目してみましょう。ドメインは分かりやすく短い単語の組み合わせがオススメです。例えば「sports-love、sweets-love、start123」など、日本人でも知っている単語の組み合わせや、「○○log、○○diary」など、あだ名やハンドルネームの後ろにくっつけるというパターンも人気です。

なお、ドメインの長さの判断基準は、「名刺に載せて読める長さ」を目安にするのがいいと思います。

●図1-2-13　ドメインあれこれ見比べてみよう！

▶ ブログのアドレスを見比べる！

独自ドメイン
tora-maki.com

アメブロ
ameblo.jp/tora-maki

はてなブログ
tora-maki.hatenablog.com

ドメインが短いとブランド名のように見えるので、印象が良く覚えてもらいやすいのです！

●NGなドメインのパターンあれこれ

どこかの会社の公式サイトに間違えられてしまうようなドメインにすると、本家から訴えられる可能性があります。大抵のブランド名や商品名は商標が取られているので、勝手に使うことはできません。

それと、英語ではなく日本語でもドメイン取得は可能ですが、日本語ドメインを表示できないサービスの場合、「xn--r9js2a5f.com」みたいな不思議な表示になってしまうことがあります。だから、日本語ドメインもオススメできません。

ところで、「.com」など後ろの部分をどうしようか迷ってしまうことも、よくあります。「.com」は昔からあり人気なため、短い単語だとほぼ取れません。「.jp」は国別ドメインで、日本にいないと取得できません。そのため、国別ドメインは信頼性が高いといわれ、価格も年間3,000円程度かかります。

　このところ、特に人気なのが「.me」です。LINEやRettyなどの有名サービスも使っています。本来、「.me」は「.jp」と同じく国別ドメイン（ヨーロッパにあるモンテネグロ）だそうですが、「me（私）」とも読めることからブログで利用している方も多いです。

　WINGパックの契約中はドメインの更新料がかかりませんが、.jpや.meの取得は対象外のため、これらを使いたい場合はムームードメインなど別のサービスを利用しましょう。

●決定したドメインを使うために契約する

　これに決めた！と、25ページの図1-2-12のどれかの［カートに追加する］をクリックすると、下の図1-2-14のように右側のカートに入るので［次へ］をクリックします。

● 図1-2-14　カートに追加して［次へ］をクリックする

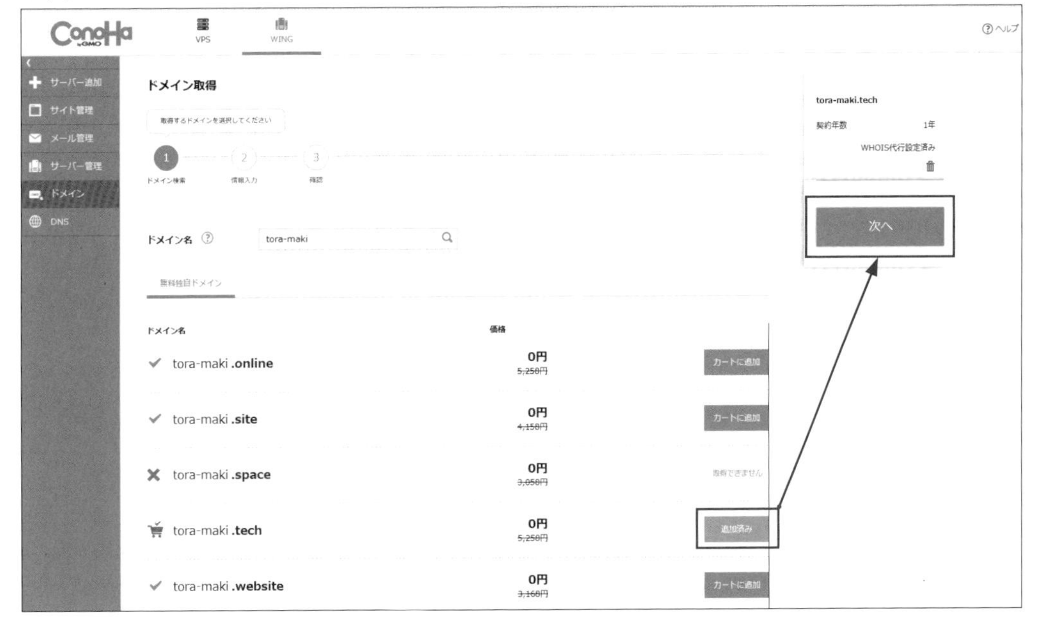

　すると図1-2-15のように確認画面が出てくるので、［決定］をクリックしましょう。

● 図1-2-15　決定する

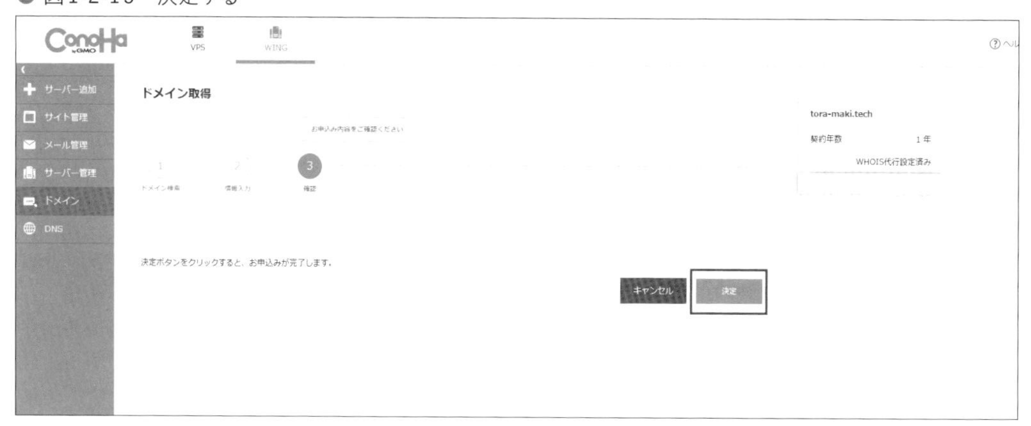

すると画面中央に「サーバーにセット中」と表示され、丸いゲージが出てきます。少し待つとそれが100%になり、自動で図1-2-16の画面になります。これでレンタルサーバーとドメインの連携設定まで完了となります！

● 図1-2-16　セットアップ完了！

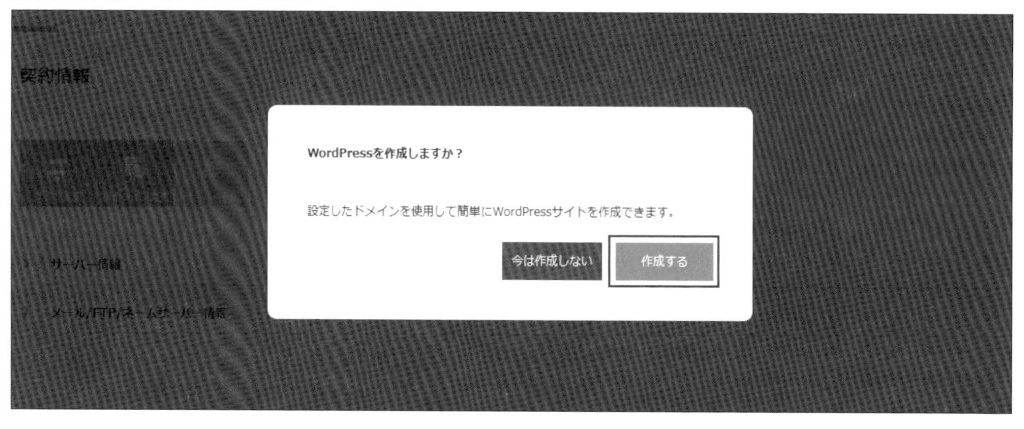

それでは［作成する］をクリックし、次のページに進んで作業しましょう！

Section 3

次の作業：ワードプレスをインストールする

●ワードプレスのインストールは自動で行われる

次はいよいよ、ワードプレスをインストールする作業です。ConoHa WINGの場合、やり方はとってもカンタンですからね！

前ページの続きであれば、通常は図1-3-1の画面になっていると思います。

● 図1-3-1　ドメインを選択して［次へ］をクリック

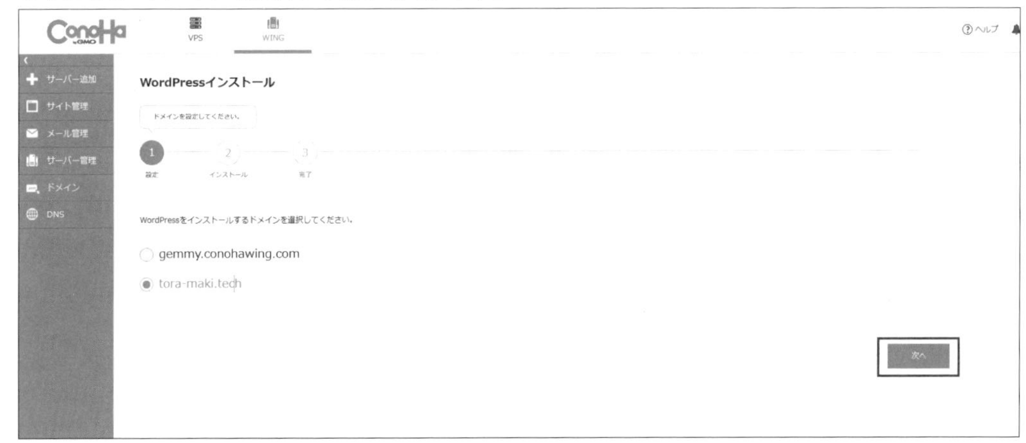

もしこの画面になっていない場合は、管理画面から開き直しましょう。

左側のメニュー［サイト管理］→［サイト設定］→［＋WordPress］と進みます（図1-3-2）。

● 図1-3-2　設定画面の開き方

なお、点線で囲まれている部分が別のドメインになっている場合は、[切り替え] ボタンを押すとドメインの選択画面が出てくるので、設定対象のドメインを変更できます。

● 図1-3-3　ワードプレスをインストールするための設定項目を入力する

- **バージョン**：そのまま
- **URL**：お好きな方

下段は特殊なインストールをしたいときに使います。通常はこのままでOKです。

- **サイト名**：好きなものを入力します。後から変更できるので仮の名前でも大丈夫です。
- **メールアドレス**：コメント通知などお知らせが来ます。
- **ユーザー名**：ワードプレスへログインするのに使うIDです。個人が特定できそうなものはオススメしません。
- **パスワード**：ログインするのに使うパスワードです。
- **データベース**：そのままにしておいてください、データベース用のパスワードも入力しましょう（普段は使いません）。
- **コントロールパネルプラグイン**：ワードプレス側でConoHaWINGのセキュリティ設定などを変更できるプラグインです。
- **自動キャッシュクリアプラグイン**：表示速度アップのための自動キャッシュを、記事を投稿するタイミングで自動的にクリアしてすぐに表示反映されるようにしてくれるプラグインです。

プラグインは、スマートフォンでいうアプリのような機能が追加できるプログラムです。この2つはあると便利なので、チェックを入れたままにしておくのがオススメです。

すべて入力ができたら[作成する]をクリックしましょう。完了のメッセージが出るまで少し待ちます（図1-3-4）。

● 図1-3-4　インストールは30秒〜1分くらい！

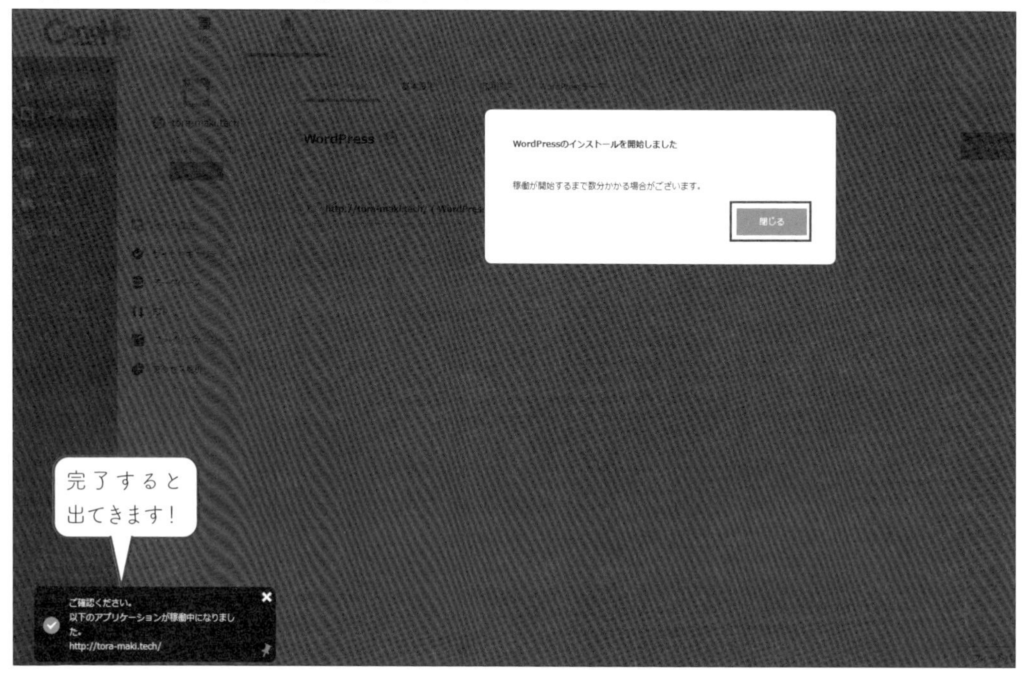

完了のメッセージが出たら［閉じる］ボタンをクリックします。すると、図1-3-5のような画面が表示されて、管理画面のURLが分かるようになります。自分で設定を変更しない限りは、「tora-maki.tech/wp-admin/」のように、「ドメイン名/wp-admin/」となります。

● 図1-3-5　ConoHa WINGのサイト設定画面

これで、ワードプレスのインストール作業は完了です！

どうですか？　ホントに簡単だったでしょう？

それでは、管理画面URLをクリックしてさっそくログインしてみましょう。

●インストールしたワードプレスにログインする

図1-3-6が、頑張ってインストールしたワードプレスのログイン画面です。30ページの図1-3-3で設定したユーザー名とパスワードを使って、ログインしてください。

● 図1-3-6　ワードプレスのログイン画面

もし次ページの図1-3-7の画面になった場合は、まだ反映中なのでお茶でも飲んでゆっくり待ちましょう。ConoHa WINGだととても簡単だったのでイメージがわきにくいですが、実はドメインを取得してレンタルサーバーとの関連付け（DNS設定）が反映されるまで、数十分〜24時間程度かかることがあるんです。
（時間の幅が大きいですが、本当にこんな感じなんです。）

● 図1-3-7　このサイトにアクセスできません

ドメインの設定がまだ反映されていない状態です。数分から数時間程度かかることもあります。のんびり待ちましょう。

そして図1-3-8が、ワードプレスの管理画面です。詳しい内容は次の章で説明しますので、まずは導入した初期状態のワードプレスの見た目を確認してみましょう。

● 図1-3-8　ワードプレスの管理画面

図1-3-9のように、左上のブログ名が書いてあるところをクリックします（カーソルをあてると出てくる［サイトを表示］をクリックしても同じです）。よく使うので、覚えておくと便利ですよ！

● 図1-3-9　この部分をクリックするとサイトが表示される

さて、次は図1-3-10を見てください。これが、ワードプレスを導入した初期状態の見た目です（2021年4月現在）。

● 図1-3-10　初期状態のワードプレスブログの見た目

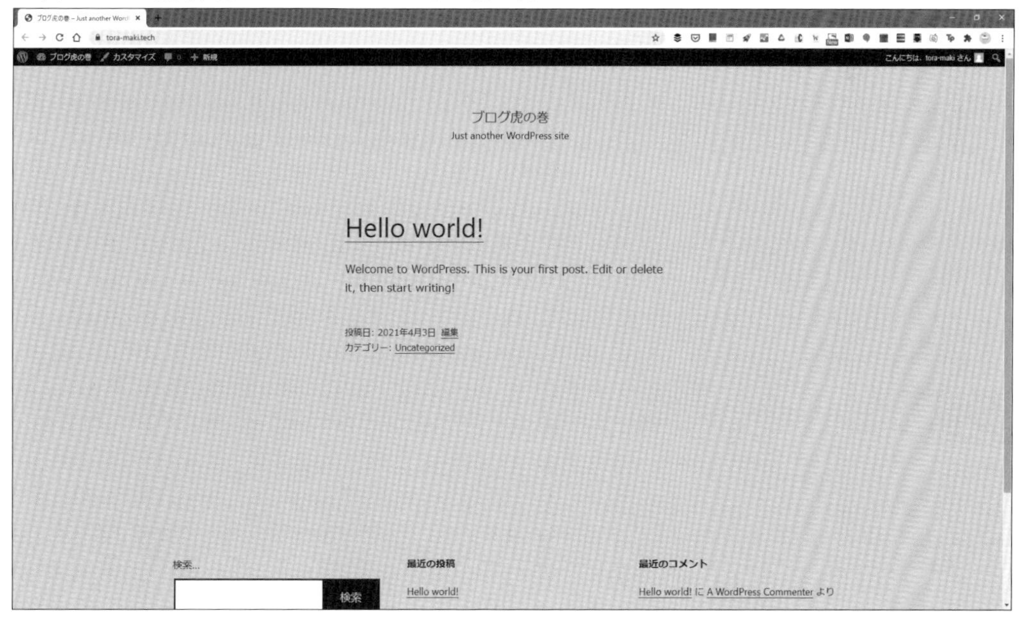

ワードプレスではイメージがわきやすいように、サンプル記事やコメントがすでにいくつか入っています。

また、先ほどからさりげなく使っている「画面の上にある黒いバー」ですが、公開されるブログの画面にもずっと出ているので「他の人にも見えてるの？」とよく質問を受けます。

でも、そんなことはありません。上部にある黒いバーは「管理バー（ツールバー）」といって、ログインしている人にしか見えないバーです。便利なので出しておくのを推奨していますが、他の人からは見えていません。

ログインしていない人（普通の読者）からの見た目の見本が図1-3-11です。

● 図1-3-11　読者から見たブログには管理バーは表示されていない！

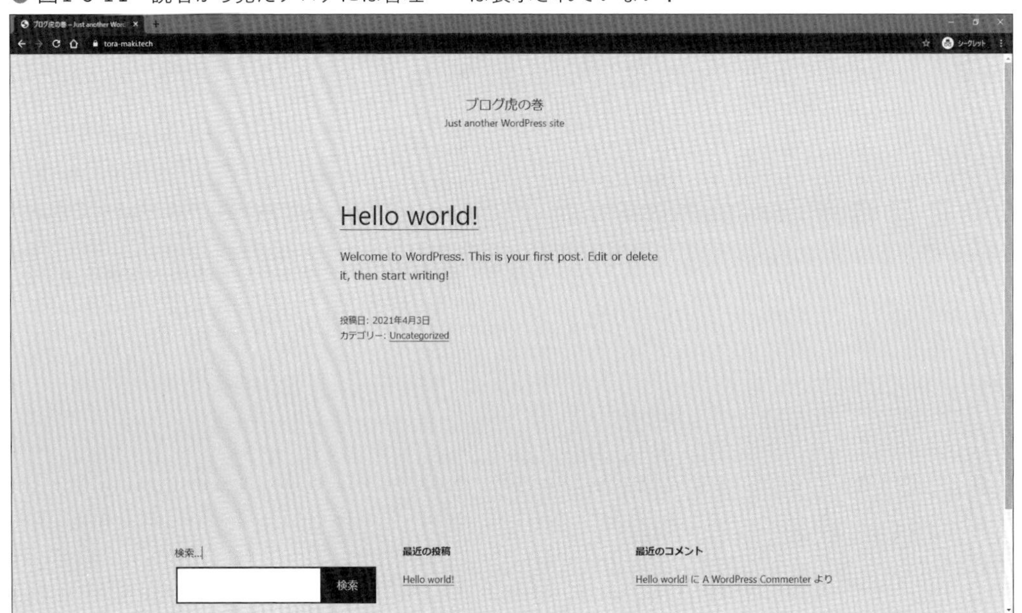

サイトの確認ができたら、先にセキュリティの設定をしちゃいましょう！

●SSL設定もしておこう！

さて、ワードプレスの設定のアレコレに入る前に、一旦セキュリティ対策のためSSL設定を行いましょう（17ページで紹介した「常時SSL化」を実践します）。ConoHa WINGの管理画面（コントロールパネル）に戻りましょう。

すぐに終わりますので、本日の作業の終わりというタイミングで行い、次の日に様子を見るのが良いと思います！

先ほど開いていた画面であれば、サイト管理のメニューがすでに開いていると思います。左から2列目のメニュー内にある［サイトセキュリティ］をクリックしましょう（図1-3-12）。

● 図1-3-12　サイトセキュリティの設定をする

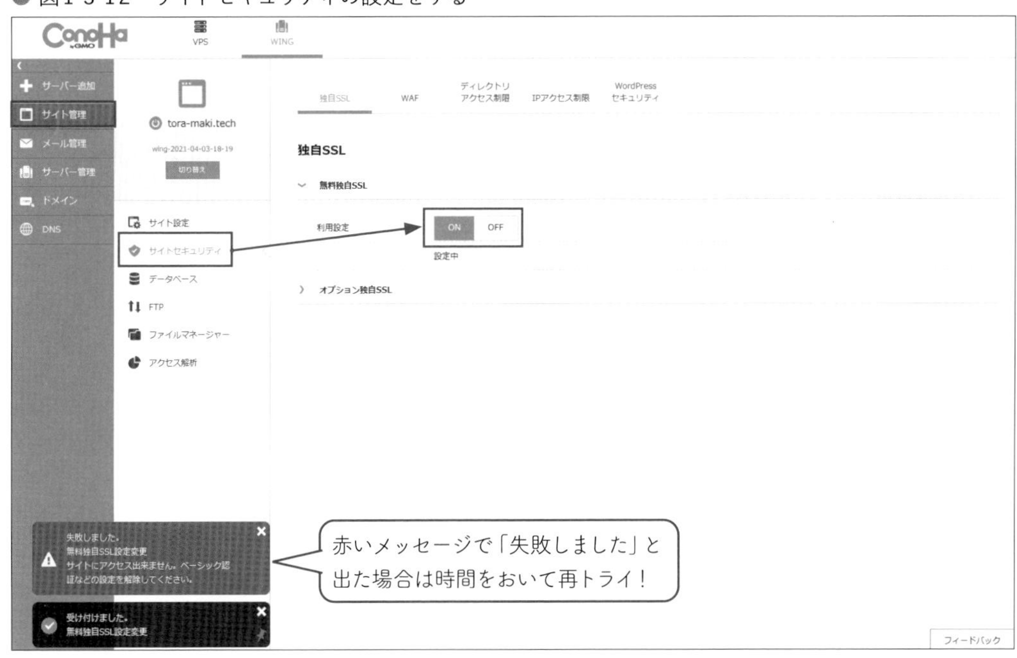

無料独自SSLをクリックしてメニューを開き、［ON］をクリックします。

ここで「失敗しました。～サイトにアクセスできません。ベーシック認証などの設定を解除してください。」というエラーメッセージが出ることがありますが、その場合は時間をおいて再度挑戦してみてください。

成功すると「受け付けました。」と表示され、利用設定のところに「設定中」と表示されるようになります。完了すると「利用中」に変わります。

設定中から利用中に変わるまで、数分から数時間かかることがあります。

● 図1-3-13　かんたんSSL化をクリックするだけ！

無料独自SSLが利用中になると、[サイト設定] の [かんたんSSL化] がクリックできるようになります。これはすぐ終わります！

クリックできるようになったタイミングで、[SSL有効化] をポチっとクリックしてください。ワードプレスから自動でログアウトされる代わりに、必要なURLの書き換えをやってくれる素晴らしい機能です！

この画面では何も起こらないので不思議に思うかもしれませんが、細々と設定しなければいけないポイントを自動で行ってくれているのです。

これで、ConoHaWINGの管理画面で行う設定は終了しました。画面は閉じて大丈夫です。

おつかれさまでした！

●ひとまずはワードプレスのブログが完成！

さて、ひとまずこれで、ワードプレスのブログ本体が完成しました。あとは皆さんが記事をひたすら書いてアップしていけば、立派なブログになっていくわけですね。もちろん、今の状態は見た目も初期状態のままですから、自分好みのブログにカスタマイズしていくことになります（しなくても別にいいのですが、まあ、しますよね）。

もちろん、難しい作業ではないですから安心してくださいね。

次の章では、ブログを書き始める前に設定しておきたい項目を紹介します。これをしなくてもブログは書けますが、ぜひとも一緒に頑張っていきましょう！

はじめての
ブログを
ワードプレス
WordPressで
作るための本
WordPress5.X対応
[第3版]
BLOG

Chapter

2

ワードプレスの初期設定を行って、ブログの本体を完成させよう！

Section 1

ワードプレスの管理画面をチェックして初期設定を完了させる

● ワードプレスの管理画面の構成

第1章では、「サンプル記事しか入っていない状態のブログ（デザインも初期設定のまま）」を完成させるところまで進みました。もちろん、その状態のままで記事をアップしていけば、普通にブログとして成立します。でも、初期のままの状態だと、セキュリティ面も含めていろいろと不都合なことがあるんですよね。

そこでまずは、ワードプレスの基本設定を変えていきながら、基本的な使い方についても説明したいと思います。

管理画面の中で使う項目は、ブログを始める段階では少ないです。しかし、メールアドレスの変更やパスワードの変更など、運用中に使う重要な項目が多いため、細かく説明しています。ですから、もしも「ここはもう分かってるから！」と感じてしまったら、読み飛ばしていってくださいね。

● 図2-1-1　ワードプレスの管理画面

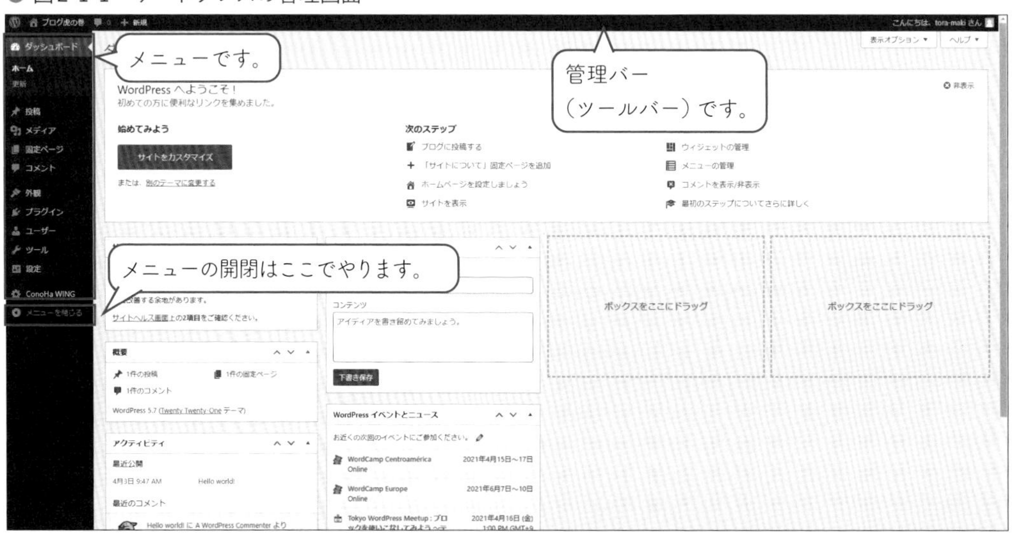

さて、図2-1-1がワードプレスの管理画面になります。

ワードプレスの管理画面は、上部にツールバーが表示されており、左側にはメニューが並んでいます。メニューは、クリックするかマウスカーソルをあてると、サブメニューが表示されます（どこに何が入っているかなどは、次の2-2で説明します）。

ところでワードプレスでは、自分でいろんな機能を追加することができますし、テーマに便利な機能が付属していることもあります。その場合は、このメニューの部分に自動で設定項目が追加されたりしますからね！

●上部にあるツールバーがとても便利！

第1章の1-3でも少し触れましたが、管理画面の1番上に表示されている管理バー（ツールバー）は、ログインしている人にしか見えません。画面左上のブログタイトルになっている部分は、ちょっとややこしいですが「管理画面（図2-1-2）のときにクリックするとブログ」「ブログ（図2-1-3）のときにクリックすると管理画面」のトップページが、それぞれ開きます。

また、更新ページやコメントページ、新規投稿ページなどよく使う機能へのショートカットにもなっています。

● 図2-1-2　管理画面側のツールバー

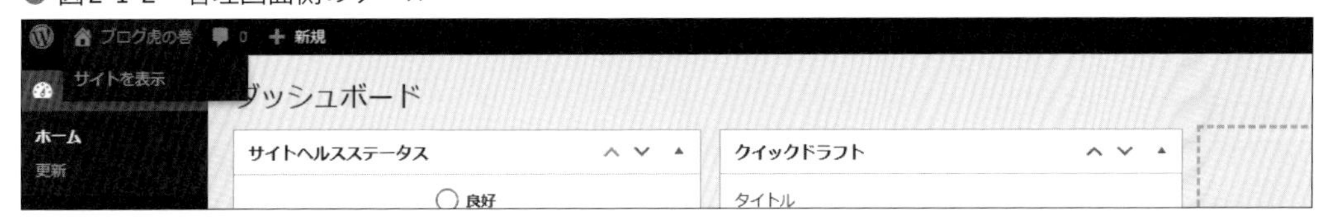

● 図2-1-3　ブログ画面側のツールバー

図2-1-2と図2-1-3の違いは、「カスタマイズ」という項目と、右上に「検索アイコン」が増えている点です（ちなみに、カスタマイズはこの後に解説する「外観」のカスタマイズと同一です）。検索は、ブログ内にある語句を検索することができます。また、画面を小さくするとツールバー部分は、次ページの図2-1-4のようなアイコン表示に変わります。

● 図2-1-4　画面を小さくした場合の管理バー

●メニューの開き方

　左側のメニューの解説に入る前に、動きをもう少し細かく説明しますね。

　それぞれのメニューは図2-1-5の左の画像のように、通常は開かれています。もし右側の写真のように、メニューの部分がアイコンだけになっているときは、▶のアイコンをクリックすれば開きます。

● 図2-1-5　メニューが開いた状態と閉じた状態

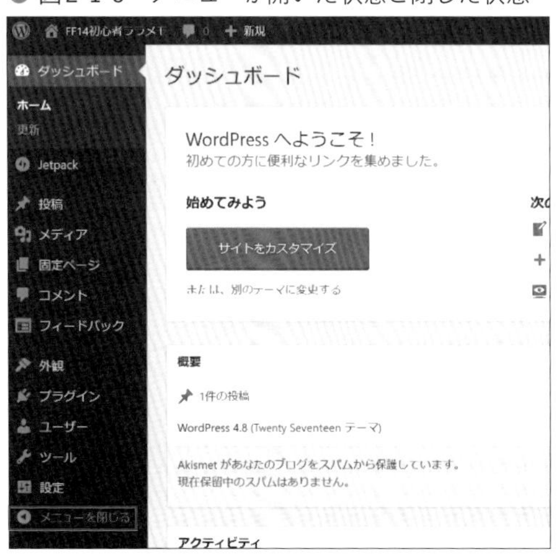

また、それぞれのメニューは、その中で細分化されています（「サブメニュー」と呼んでいきます）。

メニューをクリックすると、図2-1-6のように太字になっている一番上のサブメニューのページが表示され、その他のサブメニューも一覧で表示されます。

メニューにマウスのカーソルをあてる場合は、図2-1-7のように右横にサブメニューが出てきます。一番上のサブメニューを開きたいのでない限り、カーソルをあてて開く方が少し速く目的のページを開くことができます。

● 図2-1-6　クリック時のメニュー展開

● 図2-1-7　マウスオーバー時のメニュー展開

続いて、初期状態のメニューの中身についても説明しておきましょう。

運用中に何か機能などを追加した場合は、メニューが増えていることもありますので、項目の違いは気にしないでくださいね！

●ダッシュボードはよく使う機能がまとまっている！

次ページの図2-1-8のダッシュボードのホームは、管理画面自体の一番上のメニューです。そのため、管理画面を開くと初期状態でこの画面になっています。ダッシュボードをクリックした場合も、この画面になります。

● 図2-1-8　ワードプレスの管理画面

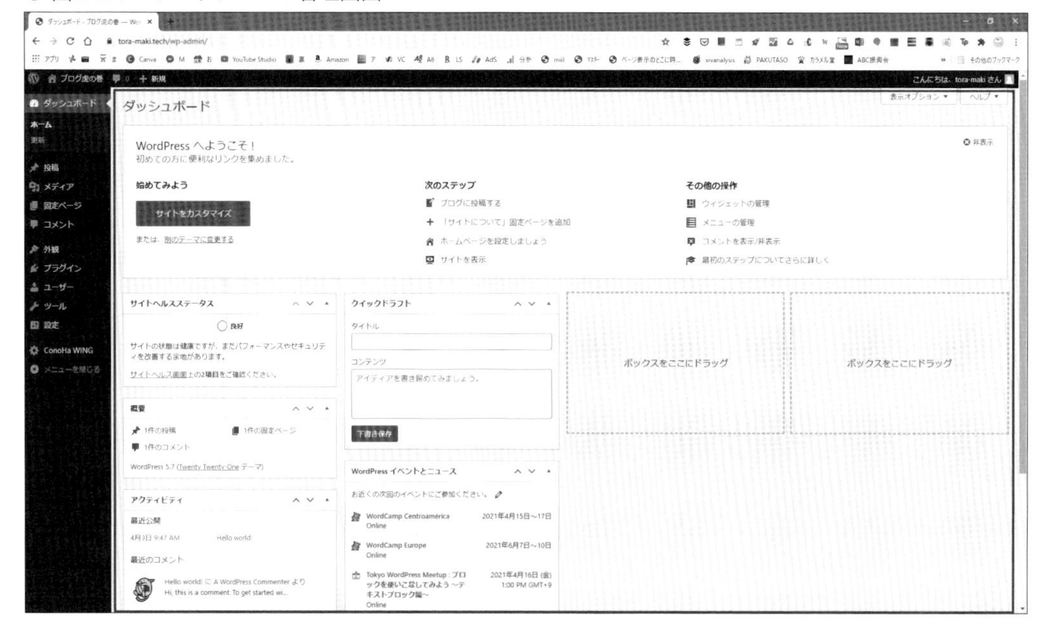

ダッシュボードのホーム各項目の概要は、次の通りです。

WordPressにようこそ：これからワードプレスを利用する人向けに、使用するであろう機能をまとめて掲載しています。

サイトヘルスステータス：アップデート忘れなど、重大な問題があるとお知らせしてくれます。[サイトヘルス画面] 上という部分がリンクになっていて、詳しい解説を読むことができます。

概要：投稿数やコメント数が確認でき、クリックするとそれぞれの一覧画面が開きます。

アクティビティ：最近公開した記事やコメントが表示されます。

クイックドラフト：投稿記事に下書きとして投稿できます。閃きなどを残すメモに便利です。

Wordpressイベントニュース：ワードプレスについてのお知らせやイベント情報、Q&Aなどのヘルプフォーラムを見ることができます。

なお、マウスでクリックしたまま引っ張ると、項目の場所の移動ができ、タイトルの部分をクリックすると閉じることが可能なので、お好みで変更することもできます。管理画面の右上にある［表示オプション］をクリックすると、チェックボックスがあるので、そもそも表示したくないものがあれば消しておくことも可能です。

さて、引き続き図2-1-8を見てください。
左側のメニュー部分にある各項目についても、ざっと説明しておきましょう。

更新：
ホームとは別の項目となっているのが、超重要な「更新」です。ツールバーからも飛ぶことができますよ。

投稿：
ブログ記事に関する項目です。ここから新規記事を投稿できます。ブログ記事の一覧が見られる「投稿一覧」、新規追加の他にもカテゴリーやタグの追加や取り消しなどは、ここからも変更可能です。

メディア：
画像や動画、音楽ファイルなどを、ワードプレスに追加するときに使います。ですが、普段、ブログ記事を書く際は、ブログ投稿画面から画像類を追加できるので、ここからメディア機能を使う機会はあまりないかもしれません。

固定ページ：
ブログのように、どんどん情報が流れていく内容の記事ではなく、プロフィール記事やサイトマップ、お問い合わせなど、情報が大きく変わらないページに使います。投稿（ブログ記事）と、固定ページを使い分けておくと、管理やカスタマイズをするとき便利です。

コメント：
その名の通り、コメント管理画面です。読者とコミュニケーションを図りたい場合は、このコメント機能を利用します。

外観：
ブログのデザイン変更やカスタマイズ、ブログのサイドバーの変更など、見た目に関わる部分は基本的にここで変更します。

プラグイン：
ワードプレスの良いところの1つが、この「プラグイン」です。プラグインは、スマホにアプリを落として機能を追加するように、ワードプレスに様々な機能を追加できます。

ユーザー：
投稿者の管理ができます。実は、ワードプレスって複数人で一緒に運用ができるんです。

ツール：
プラグインを追加したときに、設定画面がこの項目へ追加されることもあります。初期状態では、ブログのお引越しに使う「エクスポート」や「インポート」が使えます。ダッシュボードにあった「サイトヘルス」もここに含まれます。

設定：
ワードプレスの基本的な設定です。プラグインを追加したときに、設定画面がこの項目へ追加されることもあります。投稿を何件ずつ表示するか、といった細々とした設定を行うための場所です。

ConoHa WING：
レンタルサーバーでワードプレスをインストールするときに追加した「コントロールパネルプラグイン」「自動キャッシュクリアプラグイン」の設定場所です。のちほど解説しますね。

以上、管理画面の大きいメニューの主な役割について説明しました。なお、それぞれにサブメニューがありますので、マウスカーソルをあててどんな項目があるかチェックしておくのもオススメです。

それでは、初期に行っておくべき設定を進めていきましょう！

●ブログの見た目を変える（テーマの変更）

現在、ワードプレスの初期状態で設定されているのは「Twenty Twenty-One」というテーマです。こちらも良いテーマなのですが、本書では無料で使えて初心者にもフレンドリーなテーマ「Nishiki」を使って説明していきたいと思います。

●オススメの無料テーマ「Nishiki」を検索する

今回ご紹介するテーマは、日本人の製作者imamuraさんが作った「Nishiki」というテーマです。

● 図2-1-9　Nishikiで作ったサイトのサンプル

New Post !

ピューロス編のチョコボ装甲「サムライバード」がめっちゃんこ良い…！

パソコンで見た図

スマホで見た図

レスポンシブといって、パソコンやスマホ、iPadなどのタブレットのように、画面の大きさに合わせて自動で見た目を整えてくれる機能や、トップ画面に動画を配置したり、お店などの公式サイトなどに使えたりと、高機能なワードプレステーマです。

● 図2-1-10　nishiki作者のimamuraさん

今村哲也
東京都北区十条にあるウェブサイト制作会社AnimaGate（アニマゲート）の代表取締役。ウェブサイトの新規作成・リニューアル・運営などを数多く経験し、公式テーマ「Nishiki」やプラグイン「Newpost Catch」など、運営に役立つ様々なツールを開発・公開しています。

ワードプレスは世界中で使われているため、公式に登録されているものも大半が英語をメインに作られています。すると日本語の表示は細かく練られていなかったり、フォントの種類が設定されていなかったりするのですが、Nishikiはもちろんバッチリ日本語に対応されています。説明やサポートもすべて日本語なので、初心者の方には特にオススメです。

●有料テーマもアリです！！

よく質問をいただくので、先にちょっとワードプレスのテーマについて補足説明させてくださいね。

テーマで見た目を変えられると解説してきましたが、実はワードプレスのテーマは、それぞれ開発者が追加している機能が付いていることがあります。

ワードプレス公式の「Twenty Twenty-One」のようなテーマはほぼ素の状態ですが、インターネットで“ワードプレス無料テーマ オススメ”などで検索すると、様々な高機能なテーマが出てくると思います。

「ワードプレスは建物みたいなもの」と第1章で例えましたが、その例で行くと、「テーマに付属されている機能＝備え付けの家具」で「プラグインで追加した機能＝自分でセレクトした家具」といった感じのイメージです。

● 図2-1-11 機能が多すぎると最初は困っちゃうかも…！

使わないけど便利な備え付け家具がたくさんあると、お部屋が狭くなるの同じように、ブログが重く感じることがあります。一方で、「外装を違う見た目にしたい＝テーマを変えたい」と思ったとき、よく使う機能をプラグインで入れている場合は、そのままテーマを変えて微調整するだけで使えます♪

ただ、テーマに機能が内蔵されていた場合は、テーマを変えるとうまく表示されなくなったりすることがあるので、そこを自分で調べて対応しないといけないんですね。

どちらを取るかは好き好きですが、ワードプレス自体に慣れればお仕事にも活かせる可能性が生まれるので、初心者こそシンプルなテーマがオススメです！

なお、「ブログは１つしか作らないし、とにかくこういうのが本当に苦手でストレスがたまる…」という方は、有料版のテーマを使ってしまうのも１つの手です。

有料版ならではの高機能がすぐに使えて、テーマによっては開発者本人がサポート用のコミュニティを用意していて、相談に乗ってくれたりするんです。ちなみに今回紹介するテーマは、無料版と有料版があり、設定の引継ぎができるプラグインもあります。

▼ワンポイントアドバイス

最初から有料版で使いたい方は「Nishiki Pro」で検索してみてください。
他のテーマを使う場合も、セキュリティに関する解説などもあるので、ぜひこの本の続きも読んでみてくださいね！

まずは無料版のテーマで、一緒にワードプレスの機能を確認しながらブログを作っていきましょう！

●さっそく「Nishiki」テーマに変更しよう

まずはブログを書ける状態にするために、簡単な基本の設定だけ説明していきます。なお、もう少し詳しい話は第6章で解説しています。「見た目をもう少し設定してからブログを書き始めたい」という方はこの章が終わったら第6章にジャンプしてみてくださいね。

それではさっそく操作をしていきましょう。まず、メニューの［外観］をクリックすると、図2-1-12のような画面に変わります。

●図2-1-12　外観をクリックしてから新規追加ボタンをクリック

続いて画面上部にある［新規追加］ボタンか、［新しいテーマを追加］をクリックします。すると図2-1-13のような画面になります。

● 図2-1-13 テーマの検索画面

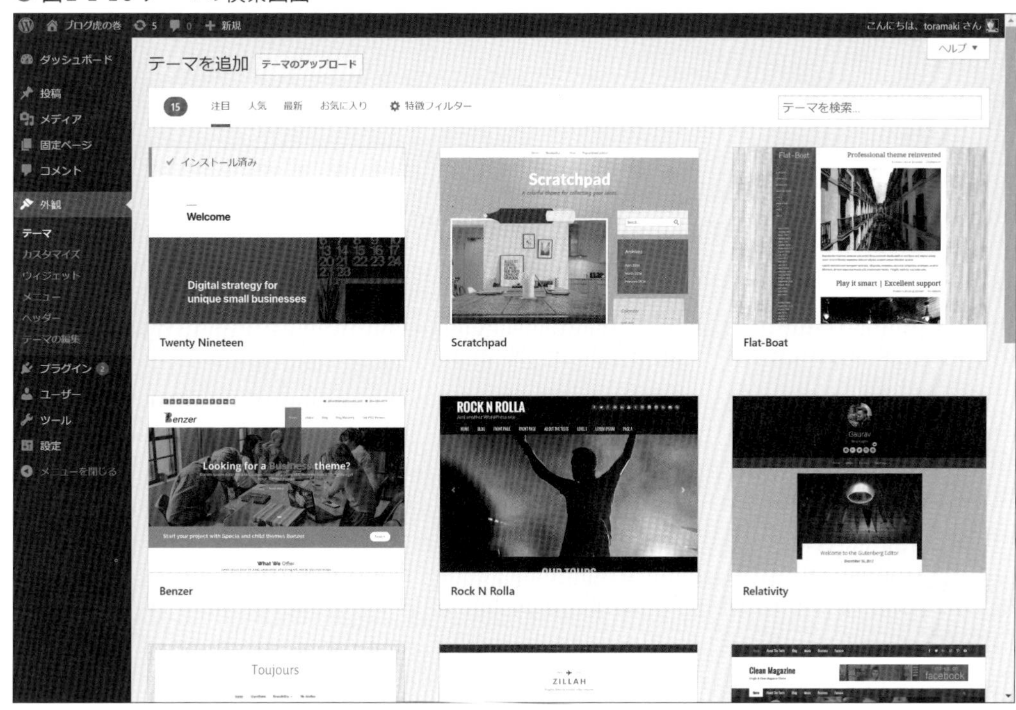

特徴フィルターで好みのデザイン形態を指定して検索したり、テーマの名前で検索したりすることができます。

それでは2-1-14を参考に、テーマをインストールしていきましょう。

● 図2-1-14　テーマを検索してインストールする

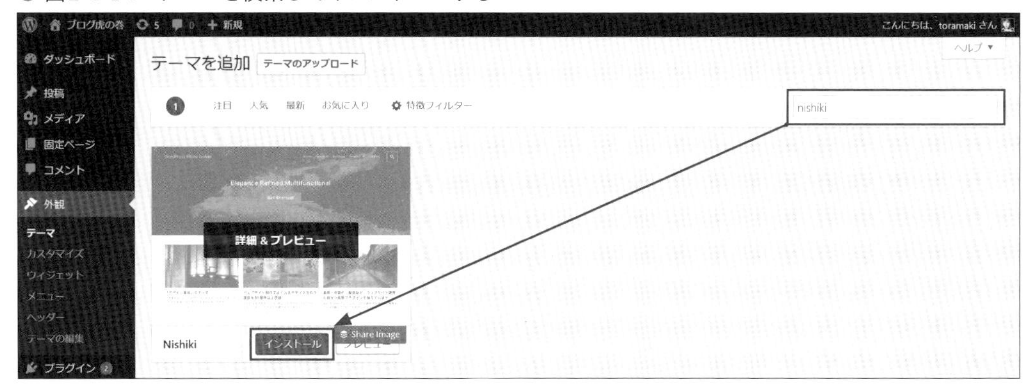

まずは右上の検索バーに半角で「nishiki」と入力すると検索結果が表示されます。表示されたNishikiと書いてあるテーマにマウスカーソルを合わせ、出てきた［インストール］ボタンをクリックしてください。

インストールが完了すると、図2-1-15のようにボタンの表示が変わります。

● 図2-1-15　インストールしたテーマを有効化する

なお、[ライブプレビュー] は実際にテーマを使い始める前に、自分のブログでどんな表示になるか試すことができる機能です。今回は、そのまま [有効化] をクリックしましょう。

すると、図2-1-16のようなテーマの紹介ページが表示されます。

● 図2-1-16　テーマの紹介ページ

これで、ワードプレスのテーマをインストールしてカスタマイズする準備ができました。図2-1-16の [カスタマイズを始める] をクリックして初期設定を終わらせましょう。

もしこの画面を消してしまった場合は、次ページのワンポイントアドバイスを参考にしてください。

▼ワンポイントアドバイス

[外観]をクリックすると、先ほど見ていたテーマの一覧が表示されます。

● 図2-1-17　テーマの一覧からカスタマイズを始める

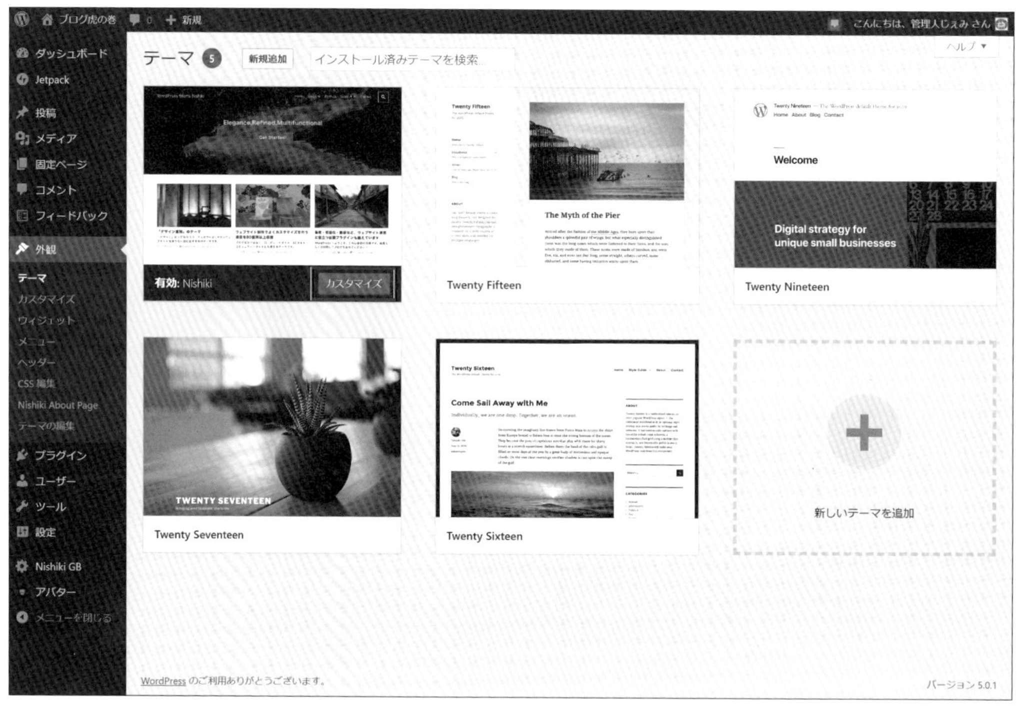

現在使っているテーマが左上に来ます。そこにカーソルをあてると出てくる[カスタマイズ]というボタンをクリックすると、図2-1-18の画面になります。

●ブログのキャッチフレーズを変更する

まずはお試しでブログのキャッチフレーズを変更してみましょう。カスタマイズ画面（テーマカスタマイザー）は、図2-1-18のように左側がメニューで、右側にはブログ画面が表示された形になっています。

● 図2-1-18　テーマカスタマイザーの画面

この画面はデザインを調整するとリアルタイムで変更されますが、［保存して公開］というボタンを押すまでは読者には見えません。テーマによって変更箇所やカスタマイズできる場所が異なりますので、時間のあるときにいろんな項目を確認してみましょう。

今回はまずキャッチフレーズの変更してみましょう。キャッチフレーズは「Just another WordPress site」と書いてあるところです。図2-1-18の［トップページ］をクリックしましょう。

● 図2-1-19　［トップページ］→［メインビジュアル］とメニューを開く

● 図2-1-20　トップページの設定を変更する画面

このメインビジュアルでは、ブログのトップページに関する見た目を変更できます。スクロールバーを下げてみましょう。すると、図2-1-21のようにキャッチフレーズを変更するメニューが出てきます。

● 図2-1-21　キャッチフレーズを変更し、リンクを一旦解除する

キャッチフレーズはなくても問題ありませんので、消してしまっても大丈夫です。

次に［さあ 始めよう！］という部分はボタンになっています。

これは、例えばプロフィールを見て欲しいとか、オススメの記事ができた、という場合にトップ画面にリンクを置ける便利な機能ですが、まだブログを書いていないですから、一旦このボタンの内容は消しましょう。

図2-1-21を参考に「ボタンテキスト」と「ボタンリンク」の欄を空欄にすれば完成です。

続いて、設定を保存して見た目が変わったか確認してみましょう。図2-1-22を見てください。上部の［公開］ボタンをクリックします。

● 図2-1-22　変更した設定を公開する

●実際に表示が変わったかを確認してみる

次ページの図2-1-23のように［×］マーク部分をクリックして閉じ、ツールバー左上のブログ名をクリックします。

● 図2-1-23　入力した項目が反映されたか確認する

すると図2-1-24のように、表示がしっかり変更されていることを確認できます。

● 図2-1-24　きちんと変更された！

まずはブログを書けるようにするのが先決なので、テーマの設定は一旦ココまでです。

錦鯉のメイン画像部分の変更方法など、もう少し詳しい設定については第6章で紹介しています。
「見た目を作りこんでからでないとやる気がしない！」という方は、第2章を最後までやってから第6章に移動し、自分らしい色などに設定を変更しましょう。

もう少しこのままお付き合いくださいね。

Section 2

ワードプレス本体の基本設定を変更する

●「あなたにも読者にも優しいブログ」のために

ブログを作る上で大切なのは、「見た目」だけではありません。運営者や読者の安全性を高めるために必要な設定や、少しでもアクセスをアップさせるための設定に変更するという作業がとても重要です。

面倒くさいと思うかもしれませんが、例えば「ワードプレスのログインIDを訪問者に知られてしまう」なんて事態は絶対に避けたいですし、余計な投稿が表示されていても読みづらいだけです。だから、最初にきちんと整備しておくことで、あなたにも読者にも優しいブログに仕上げることができるのです。

●ログインIDをブログ上で表示しないようにする

図2-2-1を見てください。ワードプレスでは、初期状態のままだとこのように、ログインに使っているユーザー名がそのまま表示されてしまいます。これはぜひとも、最初に設定を変えておきたいところですよね。

というわけで、「ブログの画面には、ニックネームが表示されるようにする」という設定に変えたいと思います。

まずは、管理画面の［ユーザー］内の項目にある［あなたのプロフィール］をクリックしてください。画面を少しスクロールすると「ニックネーム」という項目がありますので、その欄に好きな名前を入力します。そして「ブログ上の表示名」をクリックすると、今入力したニックネームが選べるようになっていますので、そちらを選択します（図2-2-2）。

● 図2-2-1　初期状態ではログインIDが表示されてしまう

● 図2-2-2　管理画面でニックネームを設定する

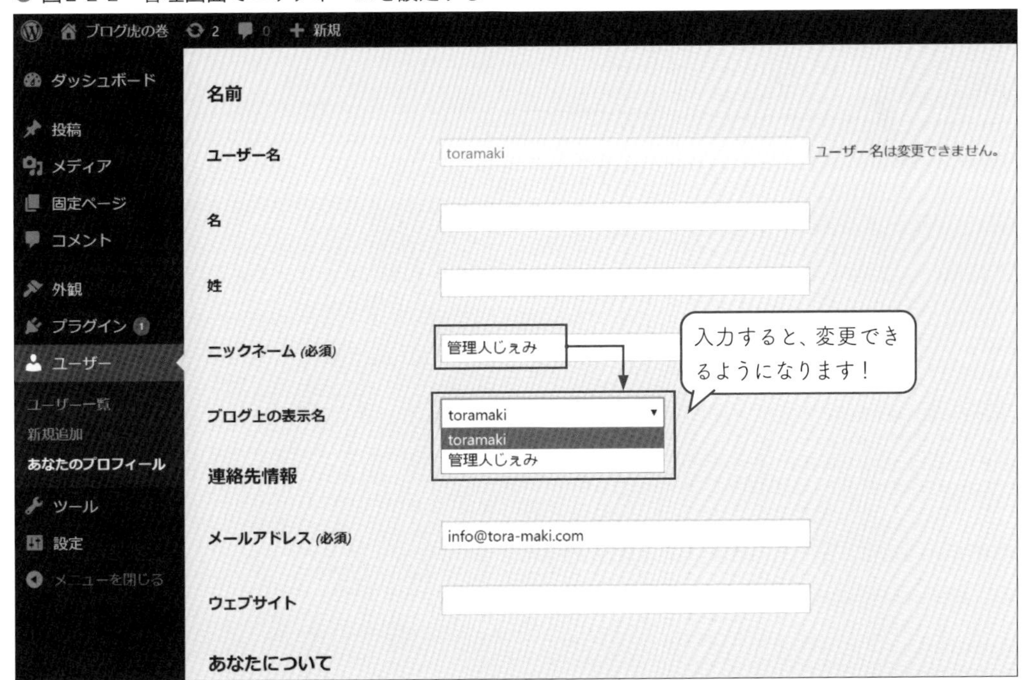

その上で、さらに画面下の方までスクロールすると、図2-2-3のように［プロフィールを更新］ボタンがありますので、こちらをクリックして保存しましょう。

これで、ブログ画面にはニックネームが表示されるようになりました。

● 図2-2-3　プロフィールを更新ボタンで変更内容を保存

●パスワードを変更する方法（任意）

次は、パスワードの変更方法です。ちなみに、デフォルトのパスワードは、レンタルサーバーでワードプレスをインストールしているときに入力したパスワードですからね。

ログインするときに使ったパスワードを変更したいときも、［ユーザー］→［あなたのプロフィール］から行います。現時点では絶対にしなければいけないものではありませんので、頭の片隅に置いておいてください。

画面下の方までスクロールすると出てくる［新しいパスワードを設定］ボタン（図2-2-4）をクリックすると、ランダムな英数字でパスワードが生成されます。

● 図2-2-4　パスワードの変更は［新しいパスワードを設定］ボタンから

生成されたランダムな英数字（図2-2-5）をそのまま使用しても良いですし、中の字を消して任意のパスワードに変更することも可能です。右横の［キャンセル］をクリックすれば、パスワードの変更はキャンセルできます。

● 図2-2-5　生成されたランダムなパスワードの例

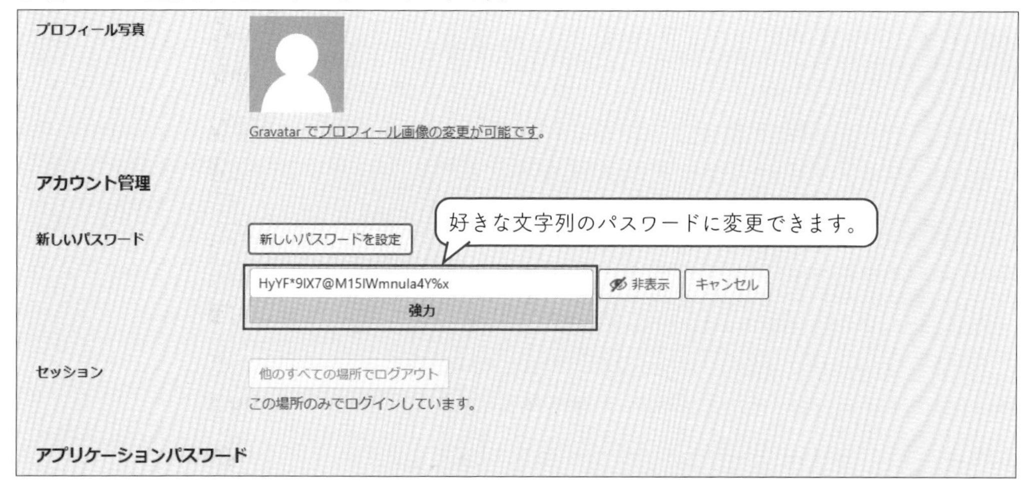

●連絡先のメールアドレスを変更する（任意の設定）

おそらく、「普段使っているメールアドレスを変更したので、ワードプレスに登録しているメールアドレスも変更したい」なんて場合もあるとか思います。

初期の状態では、ワードプレスをインストールしたときに入力したメールアドレスが、「ワードプレス全体のアカウント」と「個別のユーザーアカウント」の連絡先として、それぞれ登録されています。つまり、2つあるので、2箇所変更が必要になるということですね。

1つは［ユーザー］→［あなたのプロフィール］のメールアドレス欄（前ページの図2-2-4）で、もう1つは［設定］→［一般］の中にあるメールアドレス（図2-2-6）です。

コメントやお問い合わせが来たときや、システムの通知など重要なお知らせが届きますので、きちんと確認できるメールアドレスを設定しておきましょう。

● 図2-2-6 ［設定］→［一般］のメールアドレスの変更も忘れずに！

●サンプル記事を削除する（1つの記事、複数の記事）

さて、元々入っているサンプルの記事は、もう必要ないので消してしまいましょう。投稿も固定ページも、新規でいくらでも作れますので安心してくださいね。

まずは、1つの記事を削除するやり方です。

図2-2-7を見てください。管理画面の［投稿］から［投稿一覧］を開きます。そして、削除したい記事にマウスカーソルをあてると、図のようにメニューが表示されるので［ゴミ箱へ移動］をクリックします。

これで、記事が1つ消えました。

● 図2-2-7　ブログの投稿を削除する（1つの記事）

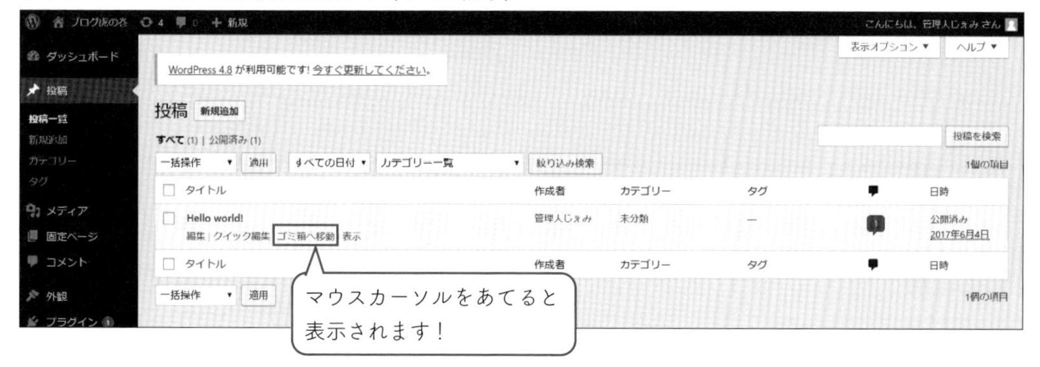

また、固定ページを削除する（一気に複数の記事を削除する）ことも可能です。

図2-2-8を見てください。削除したい記事にチェックを入れます。すべての記事の場合は、図のように先頭行のチェックボックスをクリックすると、すべてにチェックが入ります。

● 図2-2-8　固定ページ（複数の記事）を削除する

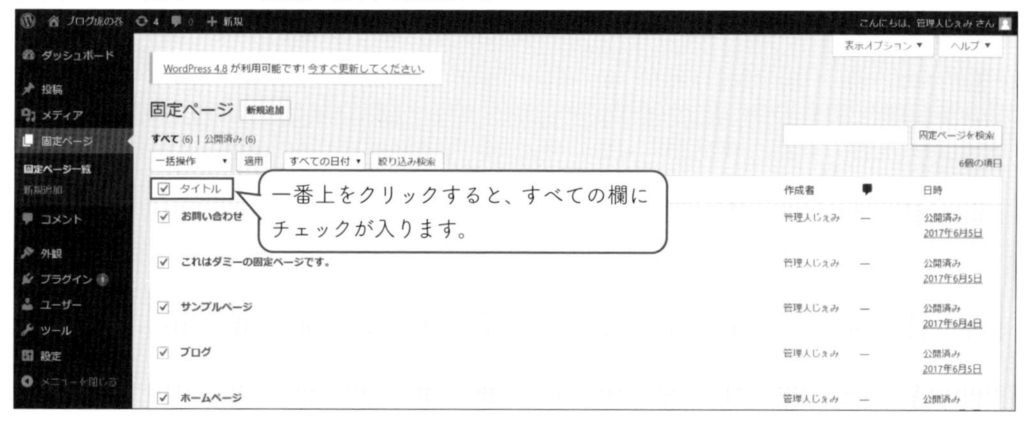

続いて、次ページの図2-2-9のように［一括操作］をクリックして、［ゴミ箱へ移動］を選択します。その後に［適用］を押すと、すべて削除できます。

なお、今回は固定ページで解説していますが、ブログ投稿でもやり方は一緒ですよ！

● 図2-2-9　選択した記事を「ゴミ箱へ移動」

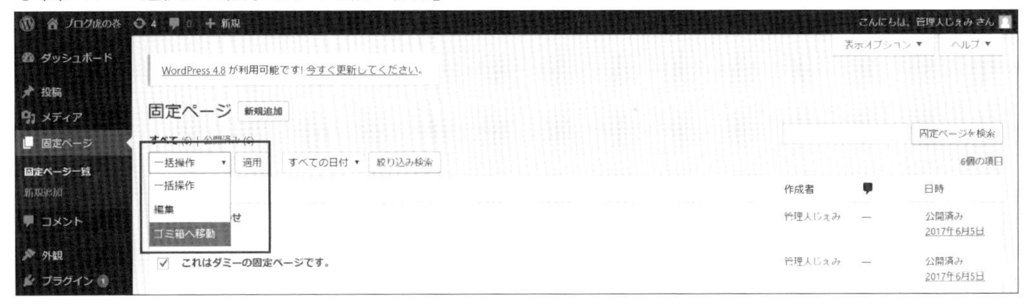

●間違って記事を削除してしまった場合の戻し方

　間違えて記事を消してしまっても、すぐに戻せるから心配ありません。

　削除された記事はすべて「ゴミ箱」に入っているので、図2-2-10のように［ゴミ箱］をクリックしましょう。元に戻したい記事のところにマウスカーソルをあてると出てくる［復元］をクリックすると、元に戻せます。

● 図2-2-10　ゴミ箱から記事を復元する

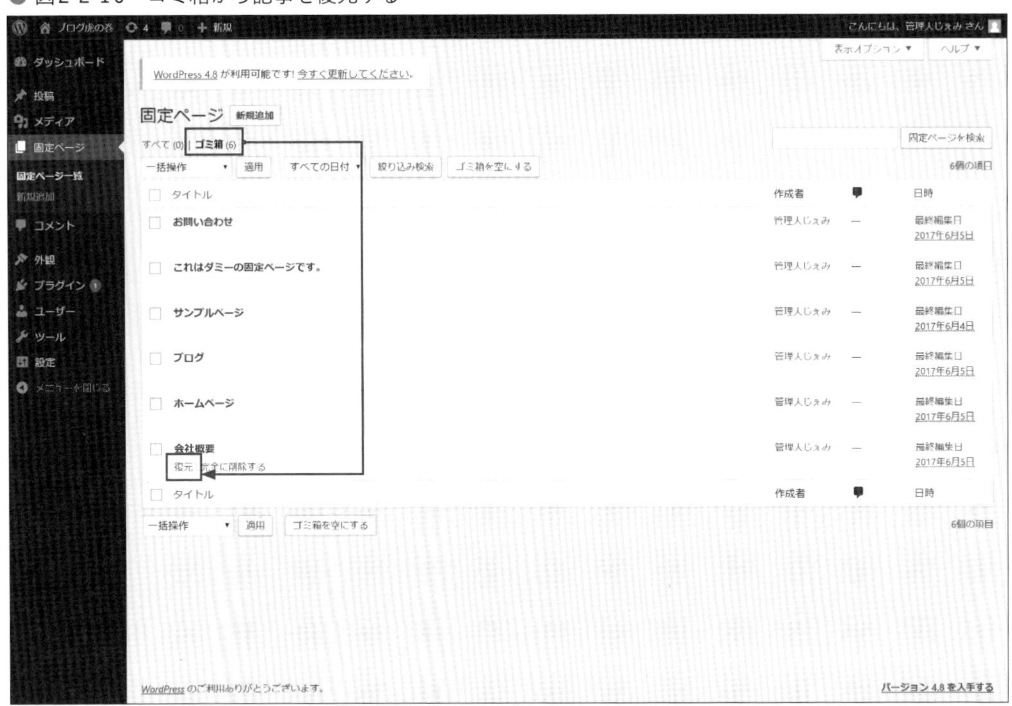

●どんなカテゴリー（ジャンル）の記事を書くのか

さて、サンプル記事を消し終わったら、いよいよ、あなた自身が記事を書いていくことになります。それにはまず、「どんなカテゴリー（ジャンル）の記事を書くのか」を決めなくてはなりません。前もって、きちんと考えておきましょう。

ところで、なぜカテゴリー設定が重要かというと、それは「記事がある程度たまったとき、きちんとカテゴリー分けされていると、読者が迷いにくく見やすい！ → アクセスアップにつながる！（ついでにいうと、検索エンジンにも探してもらいやすい）」からです。

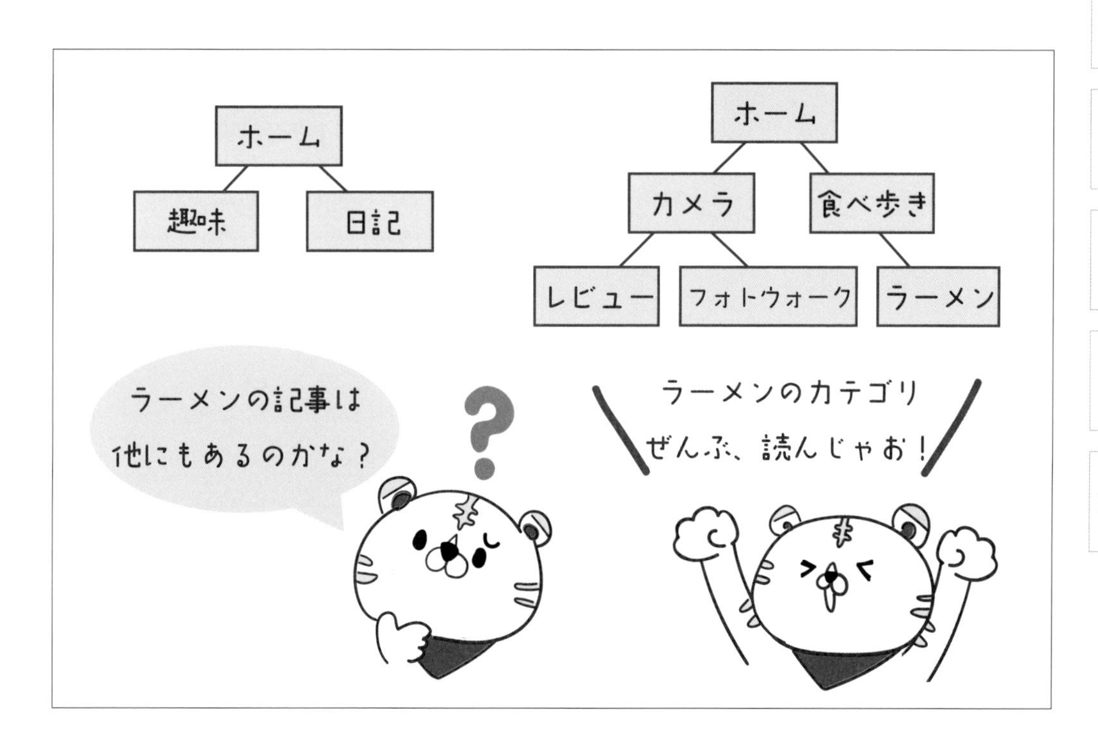

ですが、せっかくカテゴリーを作っても、「趣味」や「日記」みたいなアバウトな分けかたでは、読者も検索エンジンもどんな記事なのか判断しづらいです。どんな記事があるかを、カテゴリー名からイメージしにくいですよね。

ですから、もっと具体的に細かく分けたカテゴリーにします。例えば「趣味」なら、「食べ歩き」「カメラ」「ブログ運営」といったようにです。

とはいえ、食べ歩き記事が見たい人でも、「ラーメン」「カレー」「スイーツ系」など、興味の対象ってバラバラですよね。だから、「大カテゴリーの下に、さらに小カテゴリーを作る」というやり方が必要になります。

さらにいうと、「新宿の食べ歩きと、新宿でのフォトウォークは一緒にしたいなぁ」みたいなケース、つまり「大元のカテゴリーは違うけどつなげたい」という場合にも、「タグ」という機能を使えば対応が可能です！（タグ機能については、後で詳しく説明します）

●カテゴリーを追加する方法

まずは、大きなカテゴリーを設定していきましょう。管理画面の［投稿］から、［カテゴリー］を開きます。

図2-2-11を見てください。［新規カテゴリーを追加］欄に、必要事項を入力します。

名前：ブログ内で表示されるカテゴリーの名前です。
スラッグ：カテゴリーのURL（文字列）です。「ドメイン/スラッグ」で、カテゴリーのまとまったページを開けます。
親：［なし］を選択すると大カテゴリーになり、従来あるカテゴリー（大カテゴリー）を選択すると、その大カテゴリーに紐付いた小カテゴリーが作成されます。

つい忘れがちですが、スラッグの項目はカテゴリーのまとめページなどで使うことがあり実は重要です！簡単なもので良いので、きちんと入力しておきましょう。

例えばラーメンなら=ramenとか短めで英数字を使うことをオススメします。

● 図2-2-11　カテゴリーの追加方法

項目を入力して［新規カテゴリーを追加］をクリックすると、保存され右側に表示されますよ！

●カテゴリーを設定し忘れると、どうなるのか？

記事を書くときにカテゴリーを設定し忘れると、初期設定で元々作られているカテゴリー「Uncategorized」に入ってしまいます。未分類だと、見栄えも検索エンジン的にもよろしくありません。

そこで、カテゴリーの変更方法と削除方法をマスターしておきましょう。

次ページの図2-2-12を見てください。［設定］→［投稿設定］の［投稿用カテゴリーの初期設定］という部分を、好きなカテゴリーに変更しましょう。そして、［変更を保存］をクリックします。

これで、何もしないで記事を投稿したときに選択されるカテゴリーが変更されました。

● 図2-2-12　カテゴリーの変更方法

次は、カテゴリーを削除する方法です。

図2-2-13を見てください。[投稿] → [カテゴリー] です。削除したいカテゴリーにマウスカーソルをあてると、メニューが出てきます。その中の [削除] をクリックすると、図のように、削除して良いかどうかの確認メッセージが表示されます。ここで [OK] をクリックすると、カテゴリーが削除されます。

なお、[削除] が表示されない場合はもう一度、投稿用カテゴリーの初期設定が変更されているかどうかを確認してみてくださいね。

● 図2-2-13　カテゴリーの削除方法

●日付の表示形式を見やすく変更する

続いて、日付の表示形式を変更する方法です。

ブログ上の日付の表示は、「いつ公開された記事なのか」「新しいのか古いのか」を読者に伝えるための、大切な要素です。そして、初期状態では「(西暦) 年○月○日」という形式で表示されるようになっています (次ページの図2-2-14)。

読者にいつの記事かお知らせするためのものなので、どの表示が良いという優劣はありません。しかし西暦の後半2桁を年表示にすると、場合によっては和暦と勘違いすることがあるため、そこだけ気を付けましょう。

● 図2-2-14　ワードプレス日本語版の日付表示

もちろん、お好みの形式に変えることができますよ。曜日を表示することも可能です！

次に、図2-2-15を見てください。[設定] → [一般] の中の、[日付のフォーマット] と [時刻フォーマット] で変更可能です。

オススメは [カスタム] です。

やり方ですが、何か入力して一旦欄外をクリックすると、横にサンプルが表示される仕組みになっています。

例えば、図2-2-16を参考に「y・n・j(l)」と入力すると、「19・1・1(火曜日)」となります。“月日の2桁表示”が好みの場合は、「Y/m/d(D)」と入力すると「2019/01/01(火)」となります。

ちなみに、西暦は2桁にすると分かりにくいので、4桁表示がオススメです。

入力が終わったら、[変更を保存] をクリックします。

● 図2-2-15　日付と時刻の表記方法を変更する

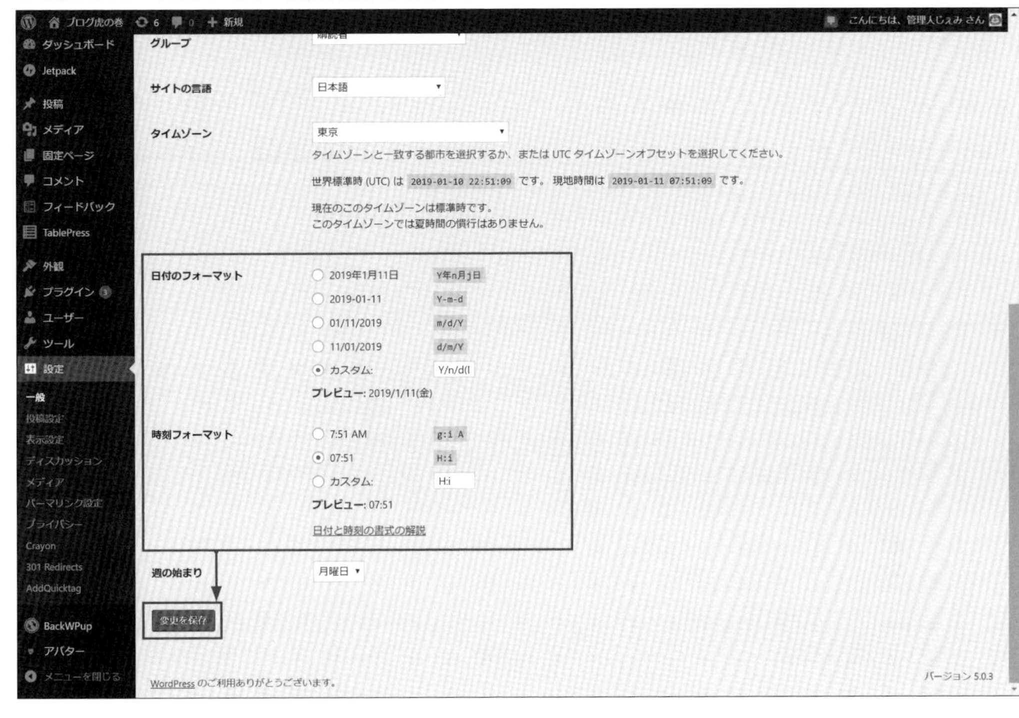

● 図2-2-16　日付や時刻の表記方法

年に関する表記

Y：4 桁<2021>
y：2 桁<21>

月に関する表記

m: 数字 2 桁<01>
n：先頭に 0 なし<1>
M：3 文字表記<Jan>
F：英語表記フル<January>

日にちに関する表記

d：2 桁<07>
j：先頭に 0 なし<7>
js：英語表記<7 t h>

曜日に関する表記

l→フル表記<水曜日>
※小文字のエルです
D→短縮表記<水など>

●パーマリンクの設定をして、URLを短く分かりやすいものにする

パーマリンクとは、「記事を書いた際に自動で作られるURLの構造」を指定するものです。無料ブログだと「ブログのアドレス/年月/ランダムな数字」とか「ブログのアドレス/カテゴリー/日付」などが一般的ですね。ワードプレスではブログの記事1つ1つのアドレスまで、どんな風に生成するか好みで指定することができるんです。

好みで指定といっても何が良いのか、というのが気になるところですよね。

例えば、日本語アリのパーマリンクを指定していると、自動的に記事タイトルがURL用に変換されます。

日本語をURL用に英数字へ変換すると、「http://tora-maki.com/%e8%bc%b8%e5%8」という長くて不思議なURLになってしまいます。

適切に指定していた場合は、「http://tora-maki.com/wordpress-install」のようになり、アドレスを見ただけでどんな内容か分かるというメリットがあります。他にも、いずれアクセス解析などをする際に、URLを見て「あー、あの記事か」と自分でも判断がしやすくなるなど、メリットだらけです！

●なぜ、最初にパーマリンクを設定しなければならないのか

パーマリンクはブログの記事のアドレスを決めるものなので、途中で変更してしまうと、今までの外部からのリンクやブログ内のリンクが無効になってしまいます。

すると、どうなるのか？

開けないリンクが量産されてしまうんです！

ブログのアドレスさえ変更しなければブログ自体は開くのですが、ページが見つからない状態になるため、そこからお目当ての記事を探してくれる読者はほぼいません。

それってもったいなさすぎますよね。

本気で運営するぞ、という気持ちの上では、これは非常に大きな痛手です。

●オススメの設定は「投稿名」

月や日は長くなるだけなので省くとして、オススメは次の2つのどちらかです。

・URL/カテゴリー/投稿名
・URL/投稿名

初心者にオススメするのは断然、「投稿名」だけの方です！

なぜ、カテゴリーを含まない方が良いのかについては後で説明するので、まずは先に設定をしちゃいましょう。

次ページの図2-2-17のように、［設定］→［パーマリンク設定］を開き、［投稿名］を選択し［変更を保存］します。

● 図2-2-17　パーマリンク設定を投稿名に変更する

●なぜ、初心者は「カテゴリーを含めたパーマリンク」にしない方が良いのか

カテゴリーを追加したときに“スラッグ”を指定したので、パーマリンク設定にカテゴリーを含めるだけで、どんな話か分かりとても良さそうに感じます。しかし、後でカテゴリーを変更した場合、URLが変わってしまうというデメリットがあるのです。

初心者のうちは、途中で書きたい内容が大幅に変わることもよくあるので、カテゴリーを変更する可能性が高いです。ですから、最初からカテゴリーURLをパーマリンクに使わないでおくことで、その変更に対しての影響を最小限に抑えることができるというわけなんですよ！

Section 3

最低限、入れておきたいプラグインを設定する

●ワードプレスに機能を追加してくれるプログラム

プラグインとは、ワードプレスに機能を追加できるプログラムです。iPhoneにアプリを入れると、できることが増えますよね。それと同じで、ワードプレスにプラグインを入れると、便利な機能をカンタンに追加することができるんです！

ワードプレスには便利なプラグインがたくさんあります。今回はプラグインについて解説した後、「ブログを書き始める前に入れておきたいプラグイン」をいくつかご紹介したいと思います。

Throw Spam Away（スパムコメント対策）80ページ～
AddToAny Share Buttons（共有ボタン）85ページ～
WP Statistics（アクセス解析）91ページ～
Ewww Image Optimizer(画像圧縮)93ページ～
Easy FancyBox（画像表示）96ページ～
ConoHa Wingプラグインの設定 99ページ～
WP Multibyte Patch 100ページ～
プラグインの削除方法101ページ～

ぜひ使ってみてくださいね。

●１つの機能は１つのプラグインで賄う

初心者がやってしまいがちなのが「よく分からないけどオススメって書いてあったプラグインを全部入れてみる」ことです。

実はこれ、あまり良くないのです。なぜかというと、プラグインにはそれぞれ役割があり、

内容がぶつかってしまうとうまく動かなくなることがあるんです。

● 図2-3-1　１つの機能は１つで！

例えば、お掃除ロボットをリビングで5台同時に放つと、それぞれのお役立ち度は1台で頑張ってもらうより低くなりますよね、お財布も大打撃だしもったいないです。それと一緒で、１つの機能は１つのプラグインで管理するのが、一番機能を活かせます。

「オススメって書いてあったプラグインを入れてみたけど、もっと良さそうなのが出たぞ！」という場合は、前のプラグインは止めちゃえば問題ありません。やり方も簡単なので、一緒に基本をマスターしていきましょう！

●Throw Spam Awayでスパムコメントを対策する

まずは、業者によるスパムコメントなどを防ぐ便利なプラグインを入れておきましょう。元々入っている「Akismet」というプラグインがすごく優秀なのですが、広告を貼ったりする場合は年間の費用がかかってくるため、最初から無料のプラグインで対策したいと思います。

システム開発をしている株式会社ジーティーアイが無償公開してくれているプラグインです。スパムを判定するのではなく、そもそもスパムっぽいコメントを受け付けない仕様です。細かく設定できるのが良いところだと思い、愛用しています。

では「Throws SPAM Away」プラグインをインストールしましょう。

管理画面でプラグインにマウスカーソルをあて、[新規追加] をクリックすると図2-3-2のような画面になります。

● 図2-3-2　プラグインの新規追加画面

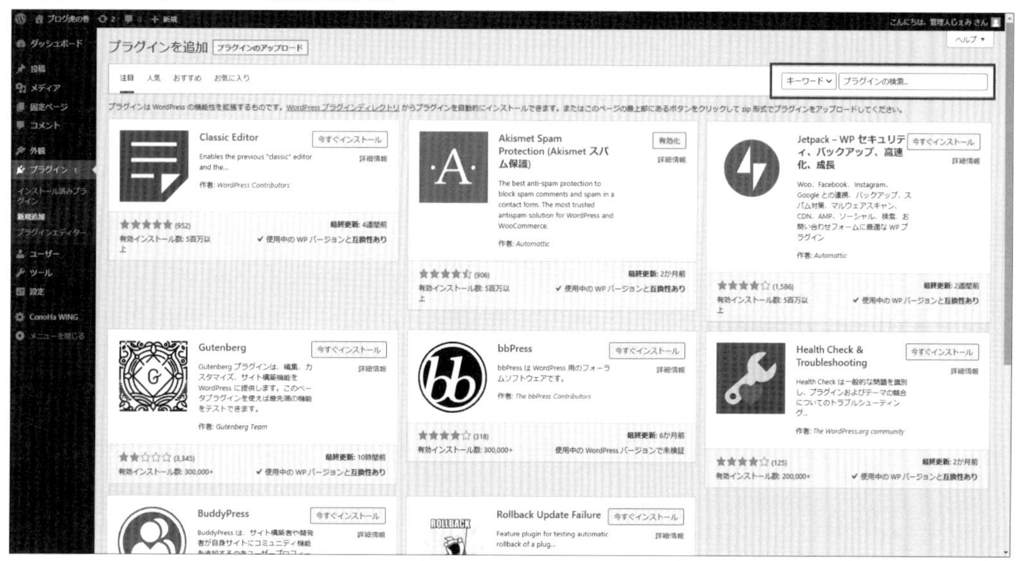

続いて、右上のプラグインの検索バーに「Throws SPAM Away」と入力し、出てきた画面の［今すぐインストール］をクリックします（図2-3-3）。

● 図2-3-3 Throws SPAM Awayをインストールする

インストールが終わり、ボタンが変わったら［有効化］をクリックします（図2-3-4）。

● 図2-3-4 ［有効化］をクリック

●Throws SPAM Awayの設定をする

有効化した時点では、英語だけで制作されたスパムコメントを受け付けないようになっています。このままだと、海外の方がコメントしようとした際に「投稿するものの反映されない」という状況になります。

多くのスパムコメントが機械的に行われているため、これだけですっきり快適になるはずです！

補足を入れたい場合などもあると思うので、設定項目をいくつかご紹介したいと思います。基本的に日本語ユーザーしかコメントしない場合であれば、そのままでもかまいません。

管理画面に「Throws SPAM Away」という項目が増えていると思います。

そちらにカーソルをあて、さらに出てきた［Throws SPAM Away］をクリックすると、図2-3-5のような設定画面が表示されます。

● 図2-3-5　Throws SPAM Awayの設定画面

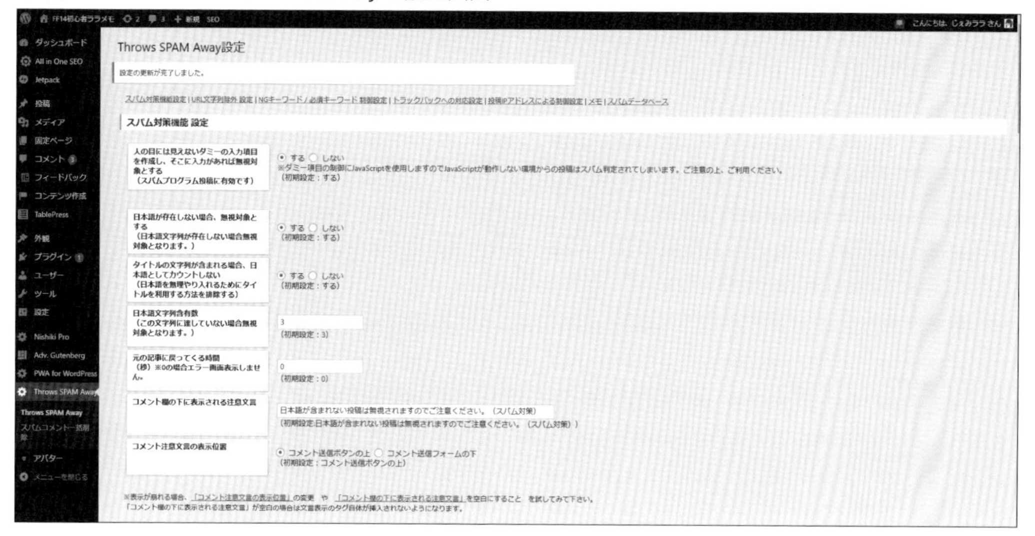

基本的にはそのままでかまいませんが、以下のような機能があります。

◎日本語文字列含有数

例えば「おはよう！」とか「ありがと」など、一部日本語で入力してくれた外国語のスピーカーさんならばコメントを受け付け可能です。

◎NGキーワード / 必須キーワード 制御設定

誹謗中傷をできなくすることも可能ですし、合言葉を入力してもらうといった運用も可能です。複数キーワードを指定したい場合は、半角カンマで区切って続けて入力します。

◎投稿IPアドレスによる制御設定

「このIPアドレスからの投稿はブロックする」ということもできるのですが、外国語スピーカーのお友達のIPアドレスを登録すれば、その方がその場所から投稿する分には、外国語オンリーでもスパム判定されなくなるリストです。

私は日本語以外のユーザーがコメントをしようとした際、ひとまず“エラーが出て投稿できていない”ということだけでも伝えようと思い、エラー画面を表示することにしました。

本来はこの注意書きも英語などで書くべきなのかもしれませんが、日本語スピーカーしか見ないブログのため、日本語で表記しています（図2-3-6）。

● 図2-3-6　注意喚起とエラーメッセージを表示させる

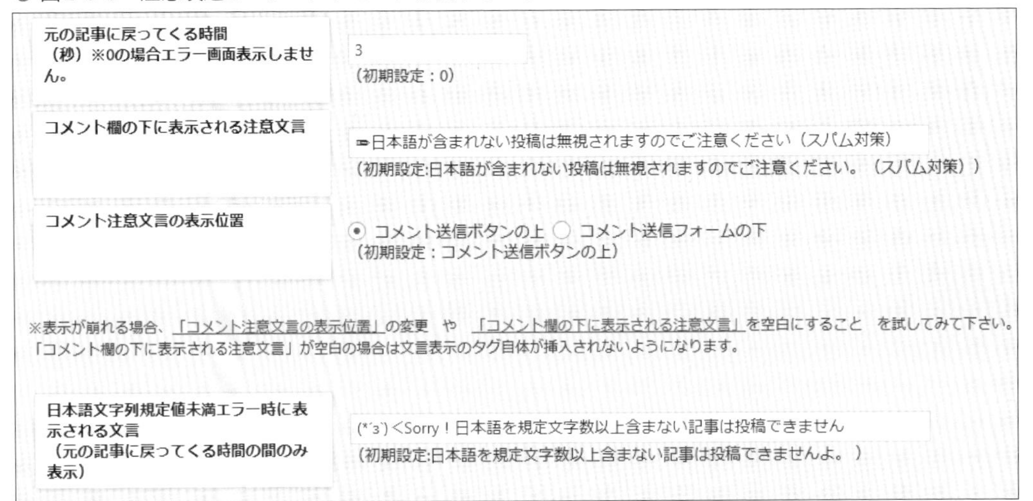

「元の記事に戻ってくる時間」を好きな秒数に設定します。私は3秒にしましたが、5秒くらいあっても良いかもしれません。

この秒数の間エラーメッセージを表示した後、元の記事の画面に戻します。初期状態は0秒となり、何事もなかったような状態で記事に戻ります。

「コメント欄の下に表示される注意文言」のところに説明を入れます。そのままでも良いと思います。顔文字や絵文字は表示が崩れる場合があるので、設定を保存して実際に確認してみてくださいね。

日本語文字列規定値未満エラー時に表示される文言

これが、スパム判定されてコメントが投稿できていない場合に表示されるエラー画面の文言です。

以上でスパムコメント対策の設定は終了です。次のプラグインに移りましょう。

●AddToAny Share ButtonsでSNSなどへのシェアボタンを追加しよう

同じように［プラグイン］の［新規追加］をクリックし、右上の検索バーで「AddToAny Share Buttons」を検索します。

図2-3-7のようなアイコンのものが見つかったら［インストール］をクリックしましょう。

● 図2-3-7　AddToAny Share Buttonsを検索してインストールする

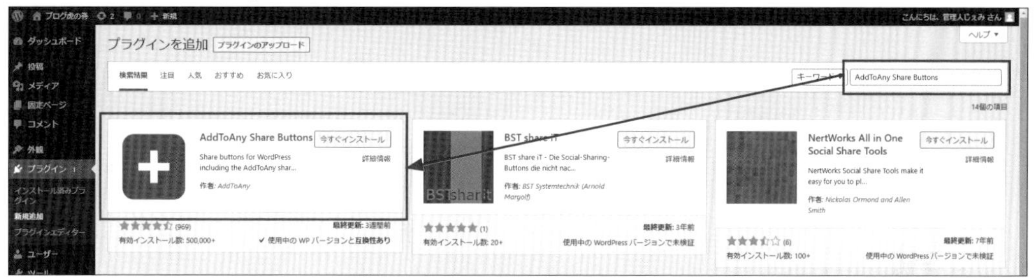

続いて、先ほどと同じように［有効化］をクリックします（図2-3-8）。

● 図2-3-8　［有効化］をクリックする

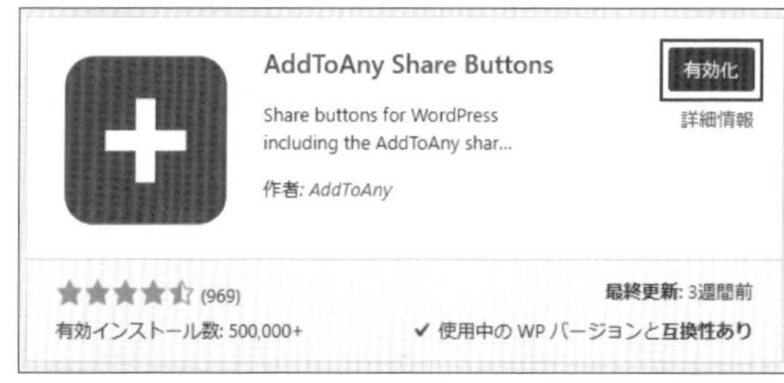

●AddToAny Share Buttonsの設定

続いて設定を行っていきます。図2-3-9のようにプラグイン一覧の画面で［設定］をクリックするか、左メニューの［設定］→［AddToAny］の順でクリックし、設定画面を開きます。

● 図2-3-9 プラグインの一覧画面（ここから各種設定も開くことが可能）

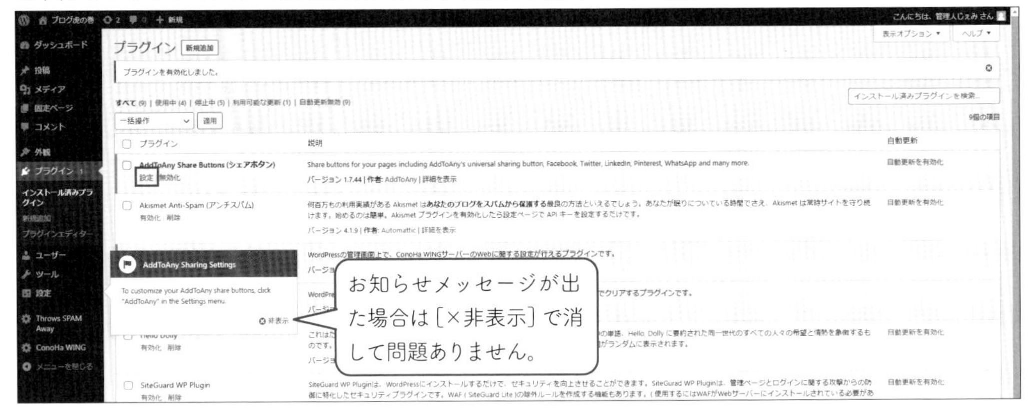

設定画面が開いたら、お好みで設定を進めます（図2-3-10）。

● 図2-3-10 AddToAny Share Buttonsの設定画面

「Icon Style」は表示されるアイコンの大きさです。32だと控えめな印象なので、もう少し大きい方が良ければ、この「pixels」の数字を変更してお試しください。

また色の変更も可能で、「background」はアイコン背景の色です。

設定項目の選択肢は［Original］［Transparent］［Custom］の3つです。背景なしでアイコンに色だけ付けたい場合は［Transparent］を選択し、背景の色を1色で統一したい場合は［Custom］で色の指定をします。特にこだわりがなければ、［Original］のままで良いでしょう。

図2-3-10の［サービスの追加/削除］をクリックすると、図2-3-11のようにいろんなサービスが表示されます。

あまりボタンの数が多くても使いづらいので、日本でよく使われるサービスにとどめておくと良いと思います。

SNS以外にメールやチャットツールなどでも共有するために、「リンクをコピーするボタン」を使う方も多いので、迷ったら入れておくと良いかもしれません。

● 図2-3-11 各種共有ボタンがあらかじめ用意されている

Facebook、Twitter、LINE、Hatena、Copy Linkあたりがオススメです。

また、アイコンはカーソルをマウスでクリックして引っ張る（ドラッグ&ドロップ）すると、場所の入れ替えができます。

「ユニバーサルボタン」は、ユーザーがそれ以外のサービスを使いたいときにクリックすると、隠されていたサービスが表示されて選べる引き出しのようなものです。不要な場合は［なし］を選択しましょう。

● 図2-3-12　場所は下部を選ぶのが基本

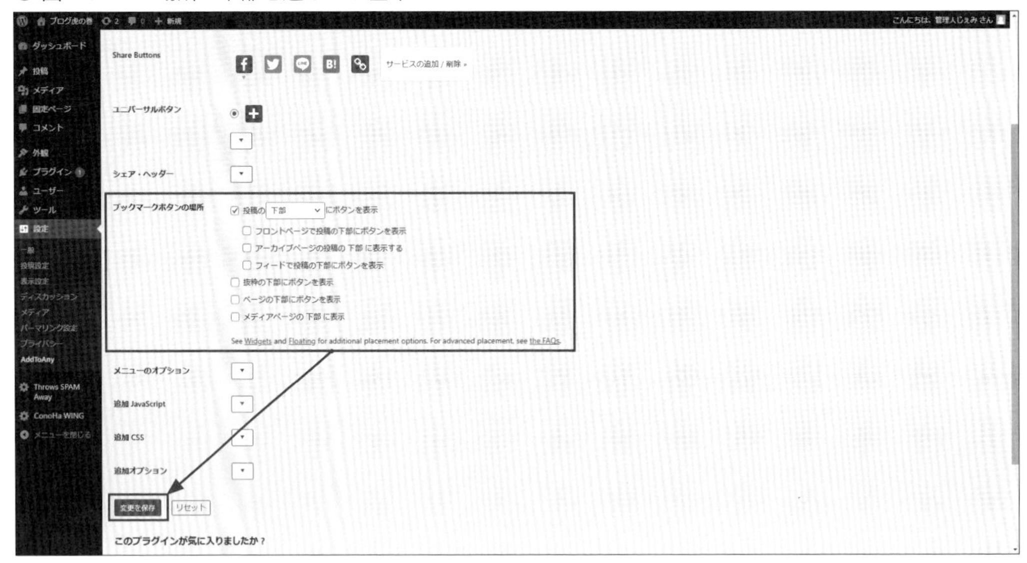

［ブックマークボタンの場所］で、投稿のどこにシェアボタンを置くかを選択できます。

基本は下部だけで問題ありませんが、「ブックマーク」ボタンとも呼ばれるように、「今は読む時間がないけど後で読みたいから、メモ代わりにシェアしたい」という方もいますので、上部にも用意しておくというサイトもあります。

あまりたくさん表示されてもしつこいので、単体の記事のページにだけ表示されるように、その下のチェックボタンは外しておきます。

設定が完了したら、［変更を保存］をクリックしましょう。

● 図2-3-13 シェアボタンの完成図

デフォルトのまま

background一色

foreground一色

まだ記事を書いていないので確認しにくいかもしれませんが、おおよそこのようなシェアボタンが完成します。

●長い記事を書く方にオススメな「Floating」機能もついている

後で欲しくなった場合に備え、頭の片隅に置いておきたいのが「Floating」という縦型ボタンの機能です。

図2-3-14を見てみましょう。

● 図2-3-14　Floatingで設定するとこんなボタンが表示される

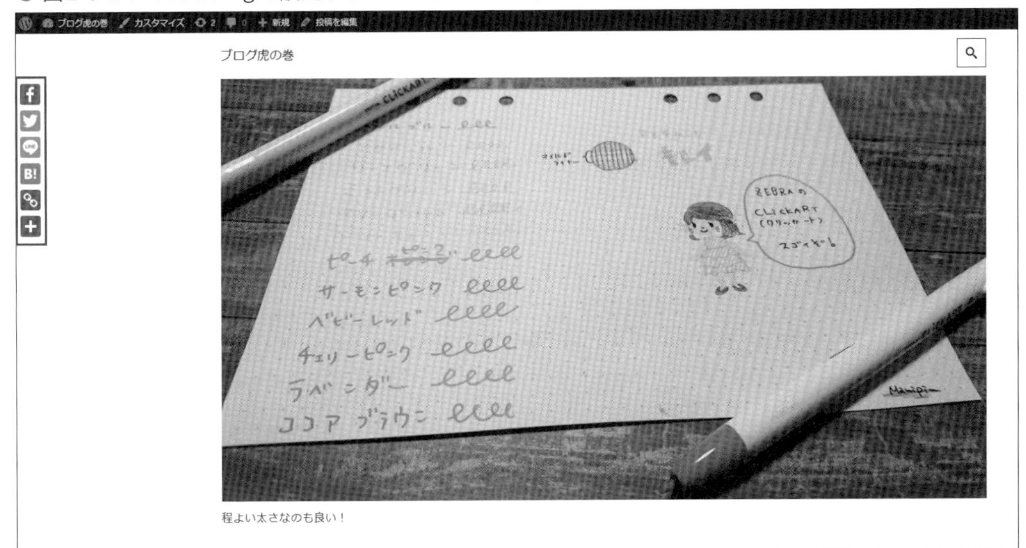

これは、記事をスクロールしてもついてくる（追従）シェアボタンです。長い記事の場合は、画面下部にあるシェアボタンにたどり着くまでに時間がかかるので、「長いから後で読みたい」という読者に便利なボタンなんですね。

設定したい場合は、図2-3-15を参考に設定しましょう。

● 図2-3-15　縦型追従ボタンの設定

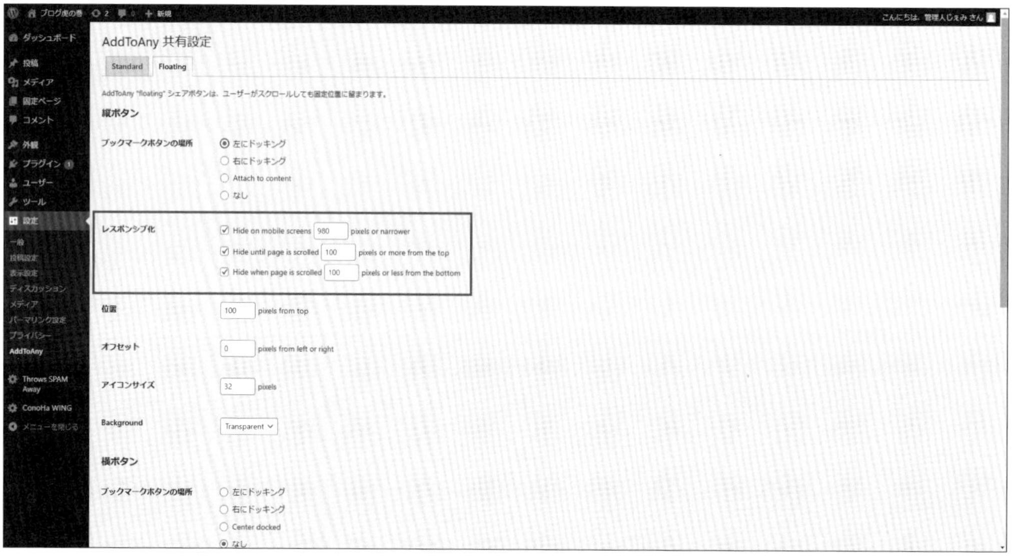

特に必ず設定して欲しいのが「レスポンシブ化」というところで、簡単にいうと「スマホなどでは画面が狭くて邪魔になるので表示しません」など、読者の環境に合わせて表示/非表示を変えられる項目です。

Hide on mobile screens 980 pixels or narrower
→980pxよりも狭い画面で閲覧する場合は縦ボタンを隠す

Hide until page is scrolled 100 pixels or more from the top
→ページの先頭から100px分スクロールされるまで縦ボタンを隠す

Hide when page is scrolled 100 pixels or less from the bottom
→ページの末端から100px以下の位置になったら縦ボタンを隠す

これらにチェックを入れておくことで、不要な場面で表示されたり、重複して表示されたりしないように工夫ができます。便利です！

これでシェアボタンの設定は完了です！

●WP Statisticsで簡単なアクセス解析を使おう

自分にだけ見られるアクセスカウンターもオススメです。

悲しいことに、最初のうちは全くといっていいほどアクセスがないので、凹んでしまってやる気がなくなるという方は入れない方がいいかもしれません。

しかし、筆者と同じくアクセスが1でもあれば誰か見てくれたと思い、50になったら「50倍じゃん！すごい！」と思う単純タイプの方は、入れた方が圧倒的にモチベーションにつながります。とにかく簡単なのが良いところです。

● 図2-3-16 WP Statisticsを検索してインストールする

図2-3-16のように［プラグイン］→［新規追加］→右上の検索バーに「WP Statistics」と入力→［今すぐインストール］の順でクリックします。

また、いつものように「有効化」を忘れないようにしましょう（図2-3-17）。

● 図2-3-17 ［有効化］をクリックする

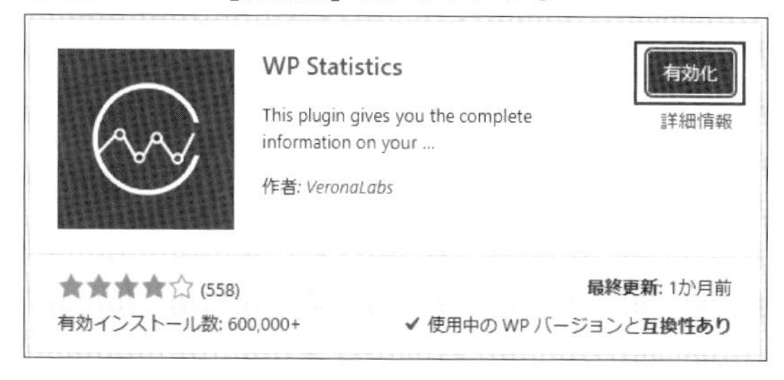

左メニューに増えている「統計情報」をいう項目が、「WP Statistics」の設定画面です。1人でブログを書く分には、特に設定を変更する必要はありません。暇なときに見てみてください。

ひとまずこれで、ログインしているあなた以外の人がブログを見に来るとカウントされるようになりました（インストール前のアクセスはカウントされません）。

図2-3-18のようにダッシュボードに項目が追加されているので、ブログを書きに来たらちらっと見ておきましょう。

● 図2-3-18 ダッシュボードに項目が追加されている

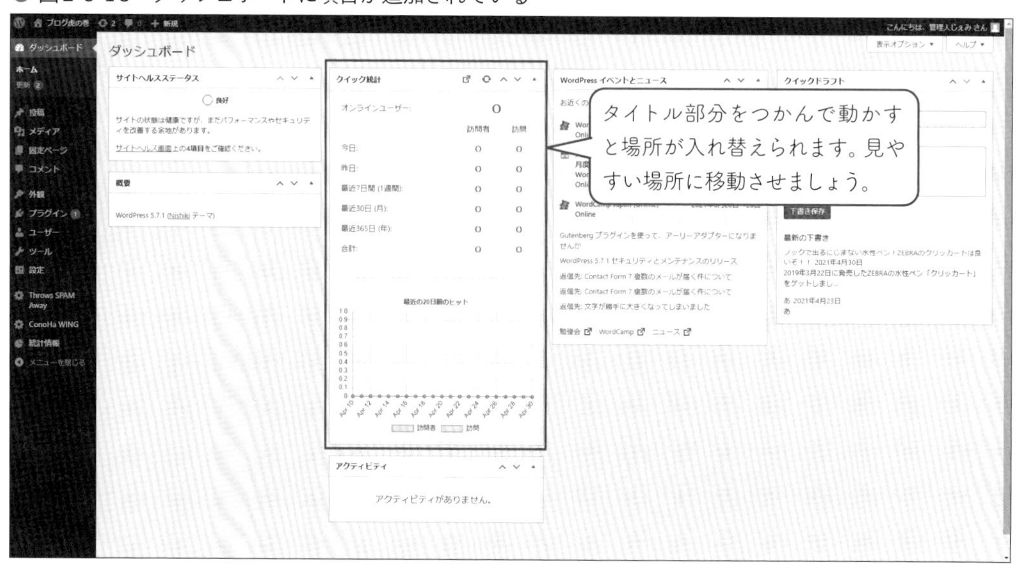

これでアクセス解析のプラグインが使えるようになりました。あと２つ、画像に関連するプラグインを追加したらインストール作業は終わります！

もう少し一緒に頑張りましょう！

●Ewww Image Optimizerで画像を自動圧縮しよう

続いて入れておきたいのが「Ewww Image Optimizer」です。これはインストールするだけで、ブログに使う画像のサイズを小さくしてくれるものです。

アップロードしながら変換するので、画像が使えるようになるまでに少し時間がかかることがあるのが難点ですが、読者がブログを表示するのが速くなるため、入れておきたいプラグインです。

● 図2-3-19　Ewww Image Optimizerをインストールする

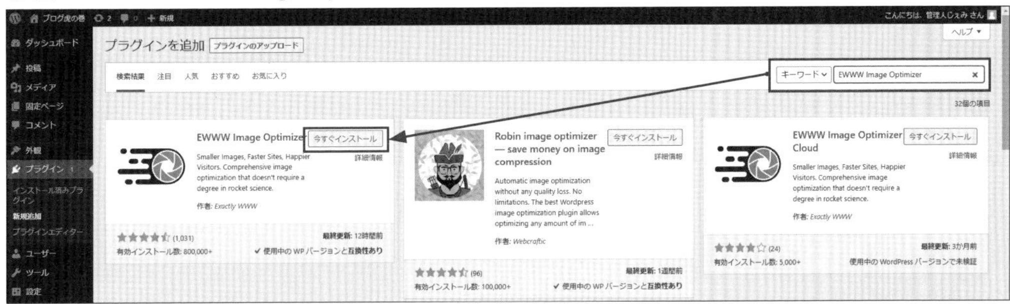

図2-3-19のように［プラグイン］→［新規追加］→右上の検索バーに「Ewww Image Optimizer」と入力→［今すぐインストール］の順でクリックします（Ewww Image Optimizer Cloudもありますが、そちらではなくEwww Image Optimizerの方をインストールしてくださいね）。

図2-3-20のように「有効化」をしましょう。

● 図2-3-20　プラグインの有効化

続いて設定画面を開きます（図2-3-21）。

● 図2-3-21 Ewww Image Optimizerの初期設定画面

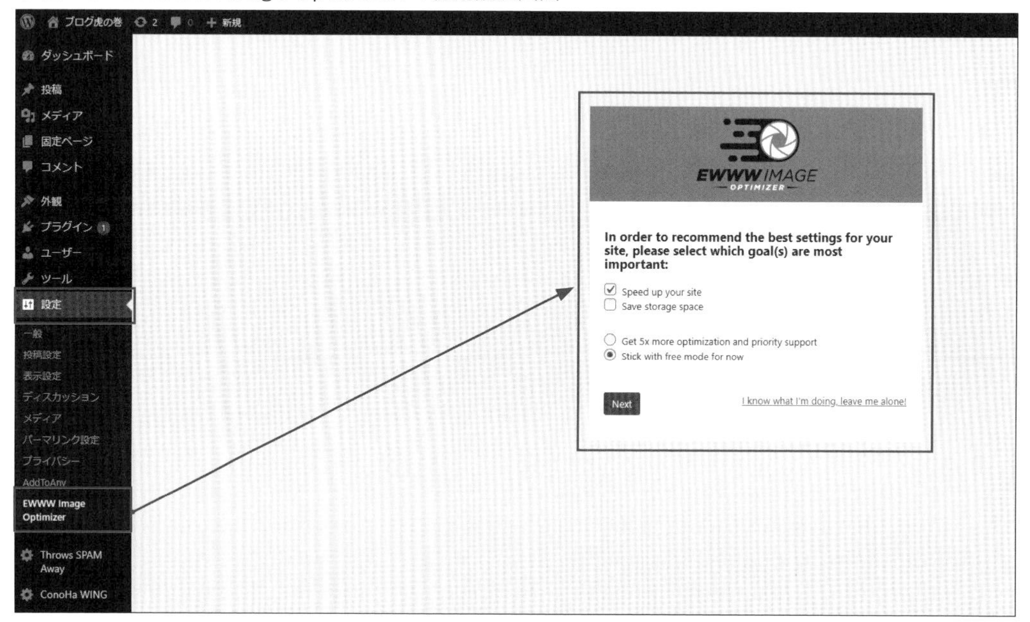

一番上の［Speed up your site］と一番下の［Stick with free mode for now］にチェックを入れて、［Next］をクリックします。

● 図2-3-22 画像の最大サイズを設定する

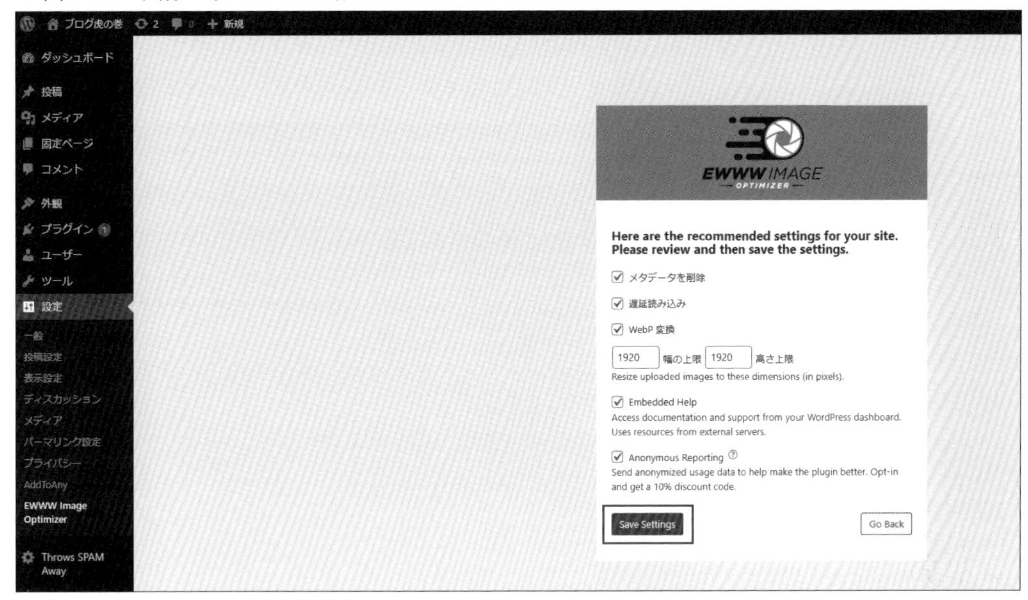

図2-3-22を見てください。ここでどのようにするか設定ができます。スマートフォンなどで撮影した画像をそのままアップロードしても、大きすぎるサイズにならないよう調整してくれるものです。

設定はそのままで［Save Settings］をクリックします。

次の図2-3-23の画面で［Done］をクリックして、設定は完了です。

● 図2-3-23 最後の設定画面

完了すると、図2-3-24のような設定の一覧ページが出てきます。

● 図2-3-24 設定の一覧画面

画像の最大サイズを変更したい場合は、[画像のリサイズ] のところで幅や高さの上限を変更することができます。

● Easy FancyBoxで読者に優しい画像表示方法に変えよう

インストールするラストのプラグインです。

これがあると、画像のサムネイルを表示してクリックしたときに、図2-3-25のように大きい画像をポップアップで表示できるようになります。画像の外か [×] をクリックすると本文に戻れるため、読者が画像を拡大して見やすくなります。

本文側での設定方法は第4章で解説しますので、下準備と思って入れておきましょう。

● 図2-3-25　Easy FancyBoxでの画像表示

本文の上に画像がふわっと乗ったように表示されます。何も設定していないと画像のページに飛んで行ってしまい本文に戻るのが面倒になってしまうのです。

● 図2-3-26　Easy FancyBoxをインストールする

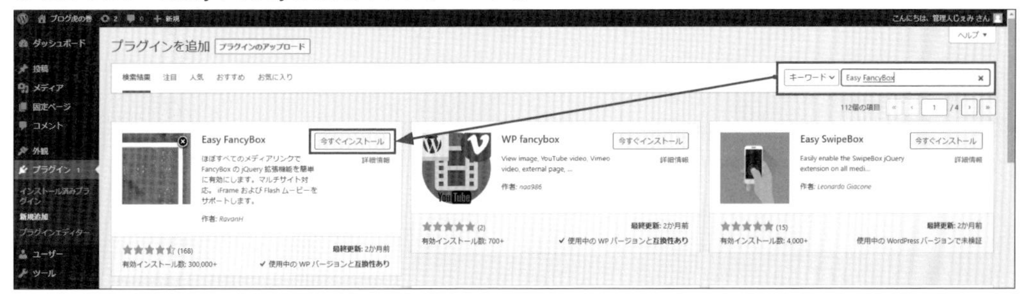

図2-3-26のように［プラグイン］→［新規追加］→右上の検索バーに「Easy FancyBox」と入力→［今すぐインストール］の順でクリックします。

続いて図2-3-27のように有効化しましょう。

● 図2-3-27 Easy FancyBoxを有効化する

このプラグインに関しては、初期設定のままで問題ありません。背景の色を変えたいなど微調整したい場合は、左メニューの［設定］→［メディア］の欄に設定項目［FancyBox］が追加されています。

● 図2-3-28 Easy FancyBoxの設定画面

さて、最後にConoHa Wingプラグインの使い方やプラグイン削除のお話をしたいと思います。もうちょっとでこの章は終わります。一緒にやっていきましょう！

●ConoHa WINGプラグインの設定

セキュリティの設定にとっても便利です。左メニューの［Conoha WING］をクリックすると、図2-3-29のような表示になります。

● 図2-3-29　ConoHa WINGプラグインの設定画面

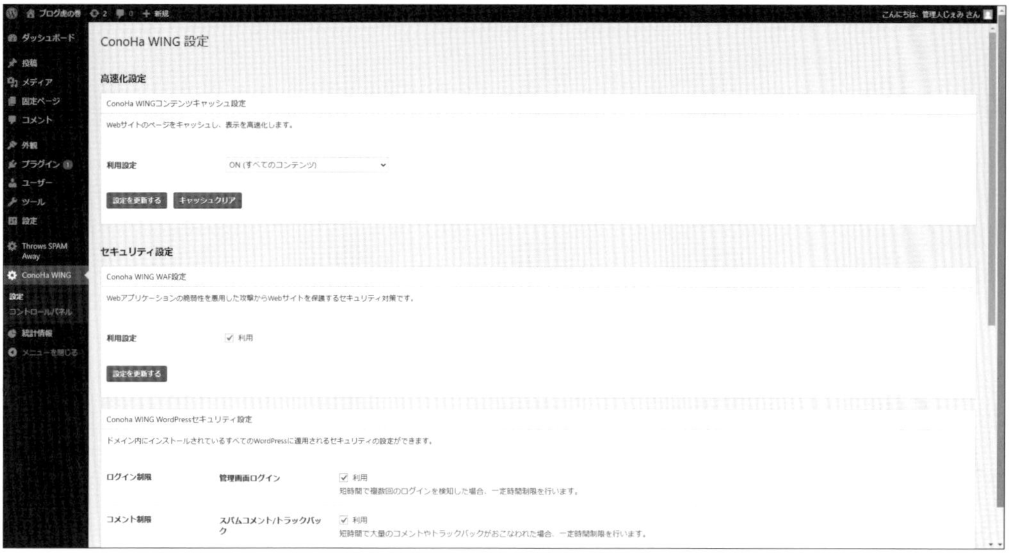

最初の［高速化設定］ですが、これをONにしておくと、読者がページにアクセスするときに表示が速くなる便利な機能です。このままで問題ありません。

通常は、記事を投稿するときに高速化するため保持していたデータを一旦クリアしてくれるのですが、デザインの調整をするときなどに表示の反映が遅れることがあります。

デザインなどを変更したけど、表示が変わってないな？と思ったら、ここの画面で［キャッシュクリア］をクリックしてみてくださいね。

続いて［セキュリティ設定］ですが、［Conoha WING WAF設定］は［利用］にチェックを入れておいてください。保護してくれます。なお、ConoHa Wingのコントロールパネル側で見ると、ブロックした履歴が見られます。

スクロールすると図2-3-30になります。

●図2-3-30 Conoha WING WordPressセキュリティ設定

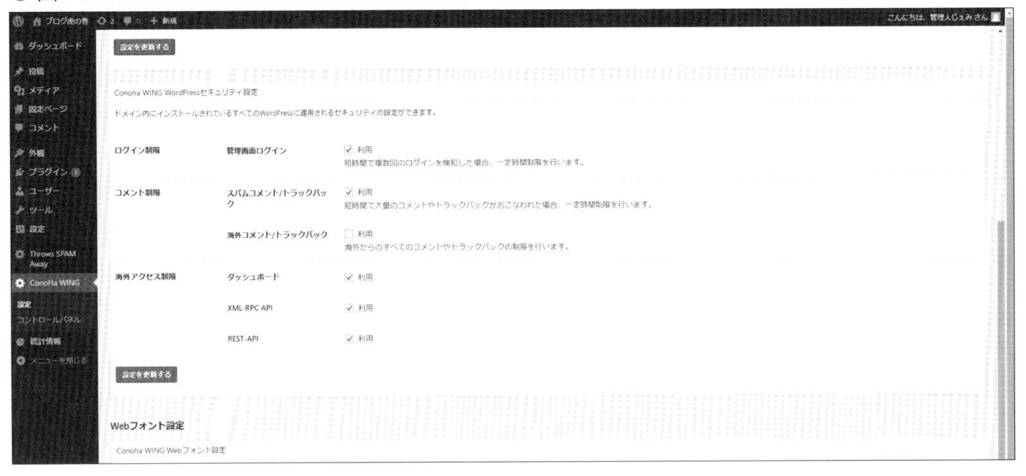

短時間で何度もログインを検知するとログインを制限してくれたり、そもそも海外からのダッシュボード（ワードプレスの管理画面）へのアクセスを制限したりできます。

これだけでだいぶ安心になりますね。

ConoHa Wingを使っていない方は、元々入っている「SiteGuard WP Plugin」を使ってもOKです。

しかし、このプラグインを有効化するとログインページのアドレスが変更されます。セキュリティ面では大変ありがたいものの、初心者さんがアドレスを忘れると、ちょっと大変な作業が必要になってしまうため、ConoHa Wingを契約した方はこちらを使うのがオススメです。

●最初から入っている「WP Multibyte Patch」を有効化しておく

最初から入っている「WP Multibyte Patch」も、有効化しておきましょう。これは、ワードプレスで日本語を使う際に、不具合がおきないよう検証などをしてくれるプラグインです。

次ページの図2-3-31を見てください。

管理画面のメニューから［プラグイン］をクリックして、プラグインの一覧画面を開き、［WP Multibyte Patch］の［有効化］をクリックします。

なお、設定は特にありませんので、このままでOKですよ！

● 図2-3-31　プラグインの一覧画面

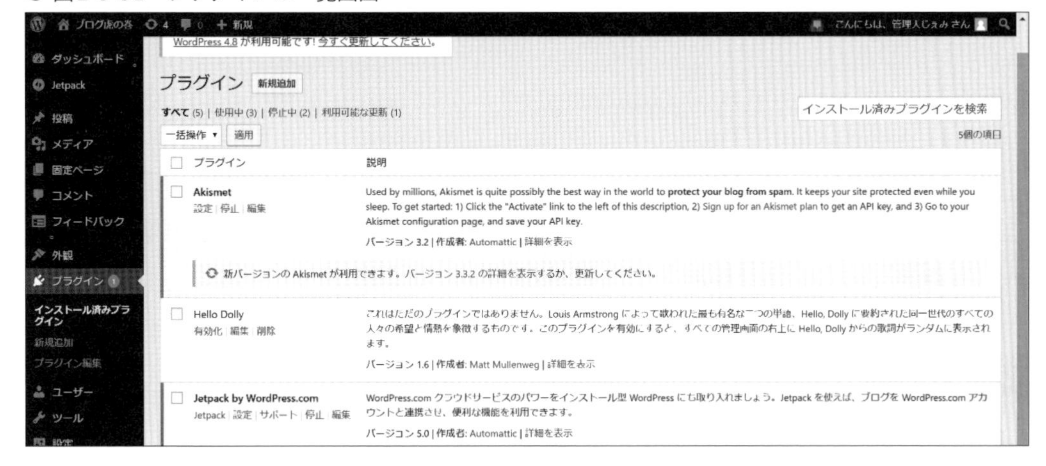

●プラグインの削除方法

最後に、プラグインを削除する方法についても説明しておきますね。

元々入っているプラグインで、動作を確認するための「Hello Dolly」というプラグインがあるので、それを削除してみましょう。

プラグイン一覧画面を開いて削除するのですが、図2-3-32のように、プラグインが有効な状態だと削除ができません。その場合は、[停止] をクリックします（有効になっていなければ、そのままで問題ないですよ）。

● 図2-3-32　プラグインが有効な状態

プラグインが停止されている状態であれば、[削除] という文字が出てきます。[削除] をクリックすると、図2-3-33のように確認メッセージが表示されるので、[OK] をクリックしましょう。

● 図2-3-33 プラグインを削除する

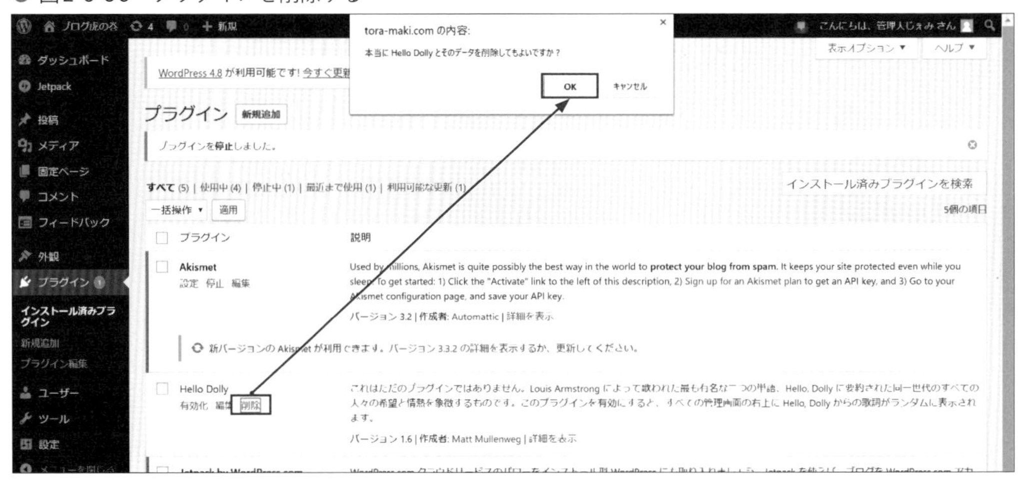

以上で、プラグインの設定は完了です！

次の2-4ではアップデートについて説明しますが、そこまで終われば、ワードプレスの初期設定の作業がすべて終了です！

そこから先は、ついにブログを書くパートに進みますからね。
頑張りましょう！

Section

4

ワードプレスの更新方法とバックアップについて

●身を守るためにも、ワードプレスの更新は超重要！

ワードプレスを使う際には、新しい機能の追加だけでなく、セキュリティを強化するための更新（バージョンアップ）も必要です。プラグイン、テーマ、ワードプレス本体、それぞれに更新があるのですが、やり方はすべて同じなのでカンタンです！

なお、バージョンアップした際に中のファイルにエラーがあると、画面が開けなくなってしまうことがあります。そのため、「更新する場合は、万が一に備えてバックアップを取りましょう」という注意喚起のメッセージが表示されます。

●ワードプレス本体の更新方法

それでは、まずはワードプレス本体の更新方法についてです。

図2-4-1を見てください。

●図2-4-1　更新マークが出ているかどうかをチェック

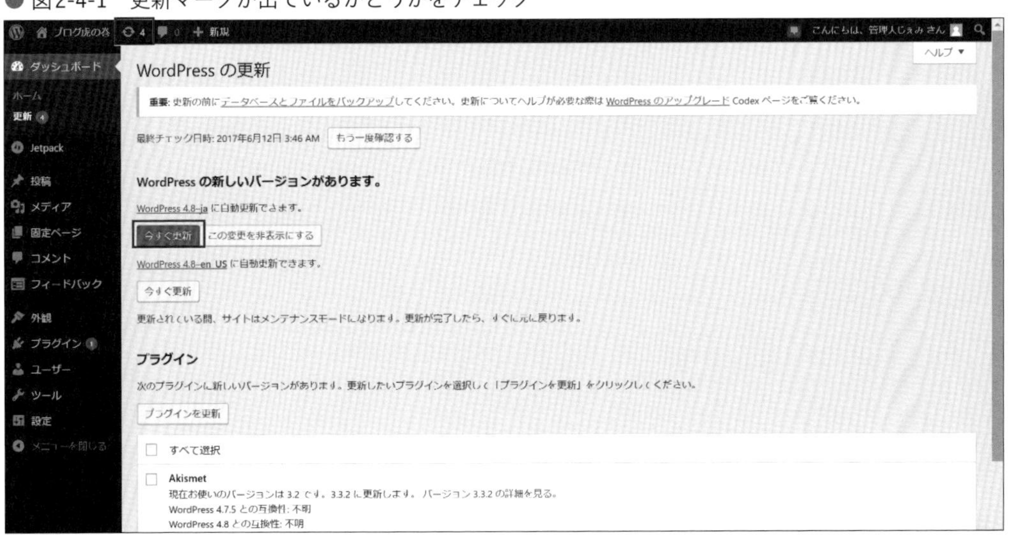

ツールバーの更新マークの横に数字が出ていたら、必ず内容をチェックしましょう。更新マークをクリックすると、更新ページが開きます。ワードプレス本体の更新の場合は、“WordPressの新しいバージョンがあります”というメッセージが出ているので、その下の[今すぐ更新]をクリックしてください。

すると、図2-4-2のように、現在の進行状況が表示されますので、そのまま待ちます。ちなみに、この画面の間は自動で「メンテナンス中」と表示され、読者はブログへアクセスできなくなります（5秒～10秒くらいです）。

● 図2-4-2　ワードプレス本体の更新中画面サンプル

更新が完了すると、図2-4-3のような「ようこそ」という画面になります。これは新しい機能などを紹介してくれる画面です。

● 図2-4-3　ワードプレス本体の「ようこそ」画面

以上で、ワードプレス本体の更新は完了です！

続いて、プラグインの更新方法です。

図2-4-4を見てください。ワードプレス本体の更新時と同じく、ツールバーの更新マークをクリックするか、ダッシュボードから更新をクリックして開きます。

図のように、更新したいプラグインにチェックを入れて、[プラグインを更新] をクリックしてください。

● 図2-4-4　プラグインの更新

ワードプレス本体に更新があった後など、複数のプラグインで同時に更新があることも多いです。複数にチェックが入っていればワードプレス側が順番に更新してくれるので、一気に終わらせることができて便利ですよ！

プラグインの更新については、図2-4-5のような画面でアップデート完了となります。

● 図2-4-5　プラグイン更新完了の画面サンプル

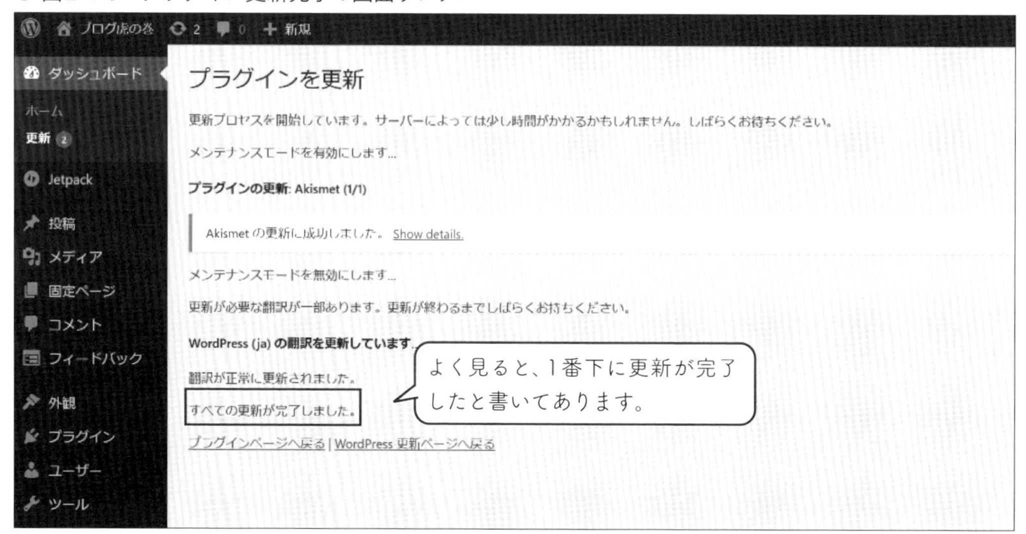

ところで、ワードプレス本体と違ってプラグインの更新の場合は、アップデート中に経過報告のメッセージが並び、最後に「すべての更新が完了しました。」と表示されます。

たくさん更新があると1分ほどかかることもありますが、大体すぐに終わりますので、メッセージを確認してみてくださいね。

●テーマの更新方法

ワードプレス本体やプラグインの更新のときと同様、更新画面を開き、更新したいテーマをクリックします。複数あるときは、図2-4-6のように［すべて選択］をクリックすると便利です。選択できたら、［テーマを更新］をクリックします。

● 図2-4-6　テーマの更新

完了すると、図2-4-7のように表示されます。

なお、更新は頻繁にあり、ツールバーにお知らせマークが出ます。お知らせが表示されたら、更新しましょう。

● 図2-4-7　テーマの更新の完了画面サンプル

ブログの初期設定自体は、これにて完了です。

次はいよいよ、ブログに掲載する記事を書くという作業ですからね！

ワードプレスのアップデートが終わりました。それでは続いてバックアップについても確認していきましょう。

●万が一に備えるConoHa WINGの自動バックアップ

バックアップデータの確認場所についても触れておきましょう。ConoHa WINGでは、過去14日分のバックアップが自動で保存されています。

● 図2-4-8　ConoHa WINGのコントロールパネルでバックアップを確認できる

図2-4-8を見てみてください。これはConoHa WINGのコントロールパネル（管理画面）です。左側のメニューの［サーバー管理］→［自動バックアップ］の順で開くと、現在取得されているバックアップが一覧で表示されます。

転ばぬ先の杖といいますが、バックアップは、万が一何かアクシデントがあったときの救済手段になります。

ブログが表示できなくなってしまったなどのトラブルに遭った場合、どうしても解決ができなければ、自動で取られたバックアップに戻すことができます。

やり方も［リストア可］書いてあるリンクをクリックして、メッセージに従うだけでできるので、自分でも簡単に行えるのが嬉しいですよね。

Chapter

3

いよいよ、記事を書いて
ブログをスタートさせよう！

Section 1 投稿ページと固定ページの違いと使い分けについて

●記事を投稿するための2つのページ

第1章と第2章では、いってみれば「ブログの外側、外観」「ブログを公開するための箱」を作るための作業について説明してきました。ですが、「面白くてためになる記事」をたくさん掲載して初めて、ブログは本当に完成するのです！

実は、ワードプレスには、記事を投稿するための機能（ページ）が2つあります。それが、「投稿ページ」と「固定ページ」です。両方とも「文章を公開する」ためのページですが、使い分けておいた方が絶対に便利！　ですから、まずその「投稿ページ」と「固定ページ」の使い分けについて、説明していきたいと思います。

●投稿ページと固定ページを使い分ける

簡単に説明すると、投稿ページはまさに「普通のブログ記事」で、時系列やカテゴリー別で表示される記事になります。固定ページは時系列にもカテゴリーにも属さず、その記事だけで独立して存在し続けます。例えば、「このサイトについて」とか「お問い合わせ」、「プロフィール」などがそうです。これらの記事を、通常のブログ投稿記事とは別にしておくわけですね。

なぜ分ける必要があるかというと、答えはブログの見栄えに関係します。例えば、記事の一覧の中に「このサイトについて」等が混ざっていると、分かりづらいし探しにくいですよね。そんなことにならないように、あらかじめ記事を書くときに別々にしておくと便利なんです！

さらにいうと、固定ページと投稿ページのデザインを分けることもできるので、「固定ページには、広告めいたものを表示しない」など、後でカスタマイズする際も楽になりますよ。

●投稿画面の使い方

基本的に、投稿ページと固定ページの使い方は同じなので、項目数の多い投稿ページで説明していきますね。

ワードプレスのエディターは「Gutenberg（グーテンベルク）」という名前です（2021年5月現在）。実際に触りながら一緒に試していきましょう。

まず［投稿］→［新規追加］から新規投稿の画面を開きます（図3-1-1）。

● 図3-1-1　新規ページの追加画面（投稿ページ）

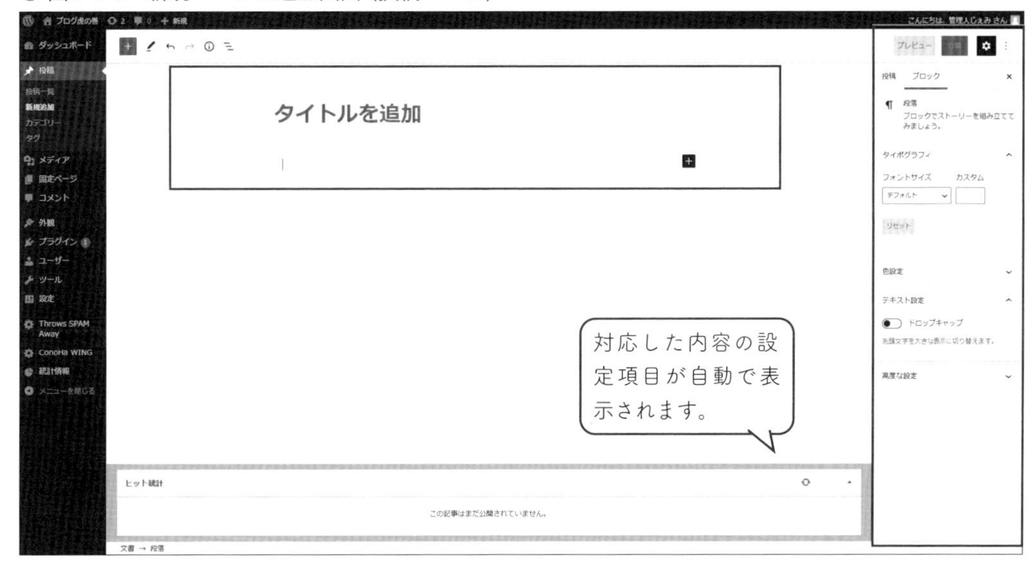

グーテンベルクのエディターはブロックごとに管理する扱いになっていて、左側に投稿画面、右側にそのブロックに対応する装飾など設定のメニューが出てきます。そのブロックの使い方については、後で説明します。まずはどんどん文章を入力していきましょう。

● 図3-1-2 改行の仕方の違い

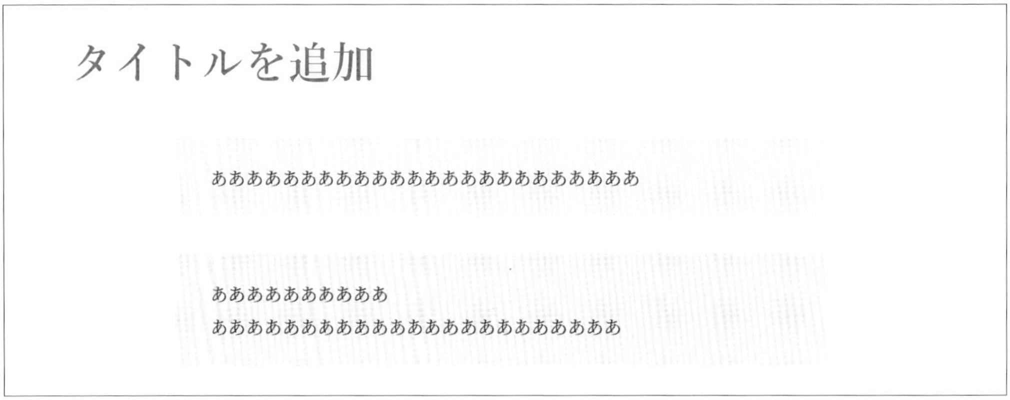

文章を入力するにあたって、改行の仕方に少しクセがあるので先に解説しますね。

図3-1-2を見てください。

分かりやすくするために背景に色を付けてみました。この四角１つ１つがブロックです。

１文でブロックを変える場合は、通常通り Enter で改行します。下のブロックのようにブロック内で改行したい場合は「Shift + Enter」で改行します。

基本的には１～３行くらいでブロックを分けると、ちょうど良い行間になるでしょう。

Section 2

とにかく記事（文章）をどんどん書いていく

●ワードプレスのエディターの使い方をマスターするために

それでは、実際にブログに掲載する記事を書いてみましょう。とはいえ、いきなり「記事を書け」といわれても、何を書いたらいいのか思いつかないですよね。

ここでの目的は「ワードプレスのエディターの使い方」をマスターすることですから、以下の見本文章をそのまま打ち込んでもかまわないですよ！

▼ 記事が思いつかない人は、この文章をそのまま打ち込んでみよう！

タイトル：
【沖縄】A&W国際通り店でおいしいハンバーガーを食べてきた！

本文：
ずーっと行ってみたかったA&W。理由はキャラクターのクマ！そして無類のハンバーガー好きの私、ついに沖縄 国際通り店に行ってきました！空港にもあるんだけど、後から普通のお店より割高と聞いたのでラッキーでした。今回は店員さんオススメの「THE A&Wバーガー」を購入。ビーフ、トマト、レタス、オニオンリング、ペッパーポーク（ペッパーのついたハムみたいなもの）、さらにクリームチーズ！！初めての味でしたがすごく美味しかったです！あーたまりません！オリジナルグッズも買えてすっかりファンになってしまった私でした。

●読みやすくなるように文章を整理する

さて、次ページの図3-2-1を見てください。左側がPCで見た場合のサンプル文章、右側がスマホ等で見た場合のサンプル文章です。

● 図3-2-1　サンプル文章をそのままPCやスマホで見ると見づらい！

短い文章ですが、これで250文字くらいです。ブログ記事は、平均的に「1記事800字前後」が良いといわれていますので、実際の記事の長さはこの4～5倍になります。

でもこれ、どちらもとにかく読みづらいですよね。ブログの読者は“読む”というより、まず“見る”に近い読み方をするため、これではすぐ閉じてしまうでしょう。

ワードプレスでは、文章を読みやすくするための見出しの設定や文字の装飾が簡単にできます。見出しはいわば「本の目次」のようなもので、この記事にどんなことが書いてあるのか、分かりやすくできます。読者が見やすくなるように文章を構成することは、最後まで読んでもらうための工夫にもなりますよね。

なお、見出しの作成や、強調させたい文章を太字にすることは、検索エンジンで記事を表示させるコツにも直結します。このような「検索エンジンに表示させる工夫」のことを、検索エンジン対策（SEO）というのですが、SEOは主にGoogleやYahoo、Bingなどの検索システムでなるべく上位に表示させるためのものです。

面倒だし、やらなくても良いのでは？と思うかもしれませんが、記事が読みやすくなって、検索エンジンにも好まれるのであれば、やるしかないでしょう！

●見本の文章を改行して、情報を追記する

先ほどお見せした見本文章に追記するコツは、「沖縄の情報を求めている人がどんな言葉で検索するか」というポイントを考えることです。検索する人が使うキーワード（文字列）は、その人にとって「知りたい」がつまった重要な言葉です。“自分がGoogleで調べ物をするとき、どんな単語で検索するか”、”知りたかった内容が本文に反映されているか”を軸に考えていくと、文章に足した方が良い情報を見つけることができます。

新しくなったA&Wバーガーはおいしいのか、オリジナルグッズは店舗に売っているのか、店舗がたくさんあるけどどこでも良いのか、などなど、欲しい情報は人により異なります。

でも、読みやすく整理さえされていれば、情報が多ければ多いほど読みに来てくれた人は喜びますよね！

▼ 追記して、さらに適度に改行も加えた見本の文章

ずーっと行ってみたかったA&W。理由はキャラクターのクマ！そして無類のハンバーガー好きの私、ついに沖縄のA&W国際通り牧志店に行けました！

A&W国際通り牧志店は那覇空港の店舗よりオトク！？
那覇空港にもあるのですが、後から通常の店舗より那覇空港店は割高と聞いたのでラッキーでした。沖縄の国際通りにはA&Wが国際通り牧志店と国際通り松尾店の2店舗があり営業時間も異なります。

詳細は公式サイトでチェックしてくださいね！

THE A&Wバーガーがおいしすぎる！
今回は店員さんオススメの「THE A&Wバーガー」を購入しました。

ビーフ、トマト、レタス、オニオンリング、ペッパーポーク（ペッパーのついたハムみたいなもの）さらにクリームチーズ！！初めての味でしたが、すごくおいしかったです！

かわいいオリジナルグッズもたくさん買えた♪
オリジナルグッズも買えてすっかりファンになってしまった私でした。

国際通り牧志店には店頭にクマの置物もあってフォトスポットにもなるなぁと思いました！

例えば、A&Wバーガーがどんな味か気になっている人は、中に何が入っているか気になっているはず。そんな人のために中身を書いています。また、今回は割愛していますがオリジナルグッズについてであれば、商品名や価格、サイズ感や質感なども非常に重要なポイントです。

さて、追記したことで400字くらいまで膨らみました。グッズや店舗情報など、まだまだ情報を追加できそうですので、目標の800字前後までは確実に到達できると思います！

●整理した文章に見出しを考えていく

細かく説明した文章の随所に「その内容を簡単に説明する短めのフレーズ」を置いて区切っていくと、文章にメリハリがついて読みやすくなります。この「その内容を簡単に説明する短めのフレーズ」が、「見出し」です。ブログの書き方で読みやすくするコツは、「見出しだけで、内容が大体分かること」となります。

見出しは、検索エンジンに対して「これが重要なキーワードですよ！」と伝える意味も持っているので、見出しの中に自分の考えた検索キーワードなどを入れられるようになったら、もはやプロ級です！

というわけで、次の図を見てください。
いかがでしょうか？
このようにすると、段違いに「どんなことが書かれているのか」が分かりやすくなったと思いませんか？

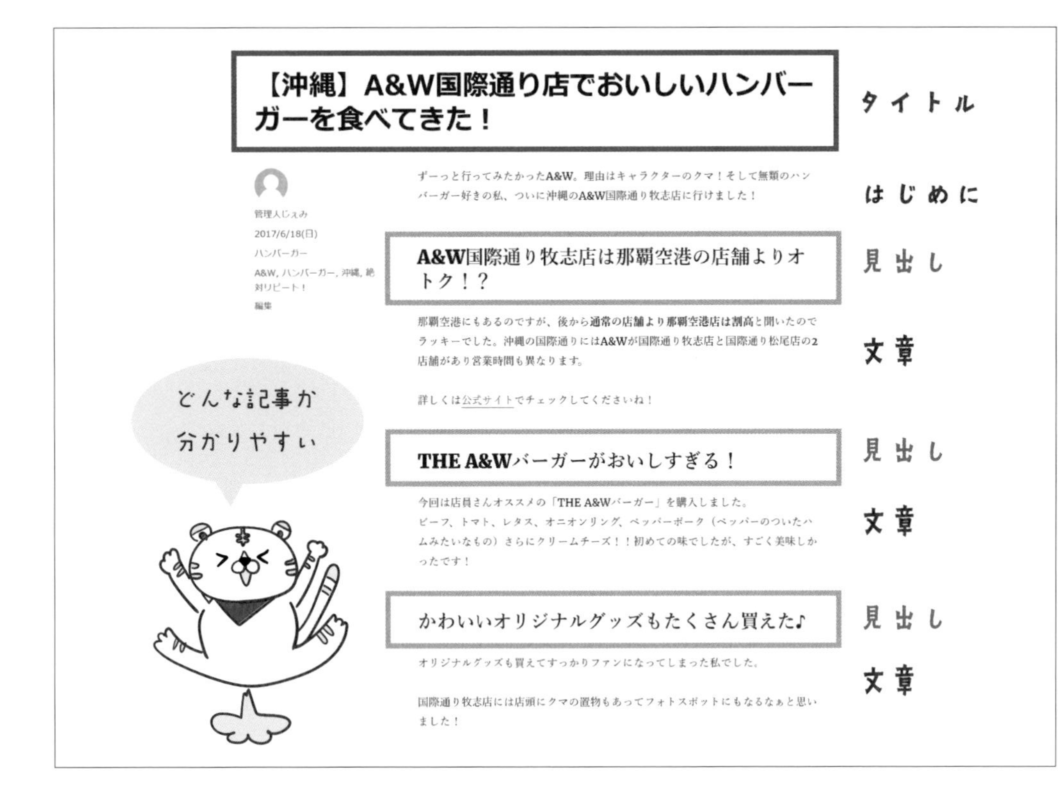

●見出しを設定する

それでは考えた見出しを実際に文章に設定していきます。図3-2-2を見てください。

● 図3-2-2　見出しの設定

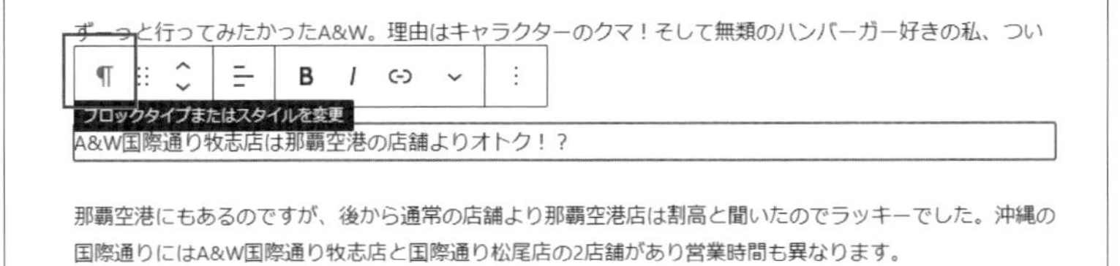

見出しに設定したいブロックの文章をクリックします（どこでもかまいません）。選択された状態で出てきた［ブロックタイプまたはスタイルを変更］するボタンをクリックします。

● 図3-2-3　ブロックタイプの変更画面

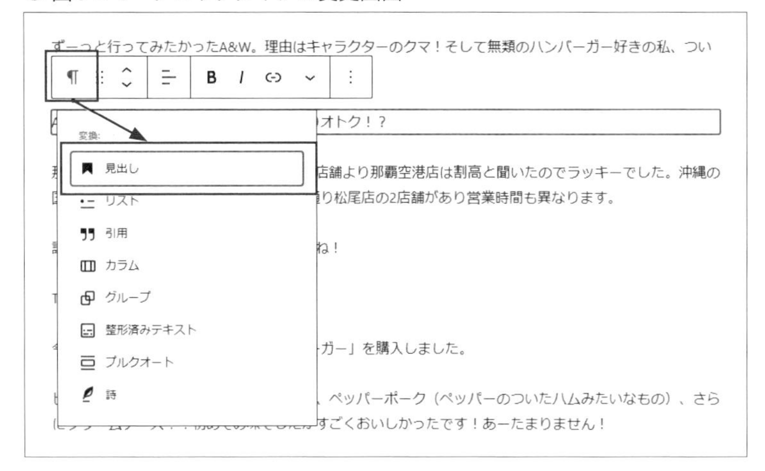

すると変換できるブロックの種類が表示されます。今回は見出しを付けたいので［見出し］を選択しましょう（図3-2-3）。

すると図3-2-4のように見出しの設定が完了しました。簡単です！

● 図3-2-4　見出しの設定が完了！

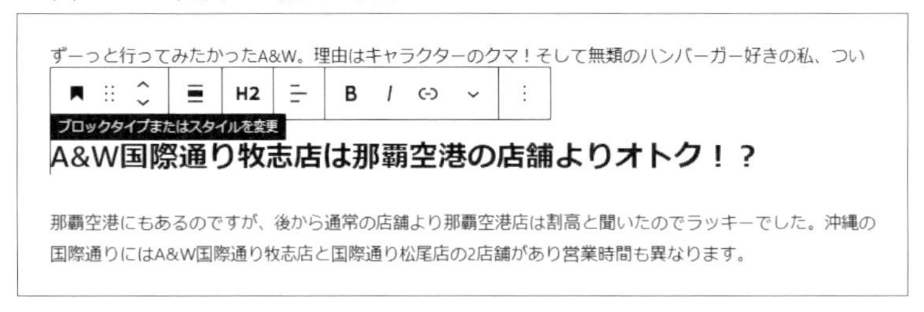

ところで図3-2-4の上部にあるH2、H3、H4という数字ですが、これは「数字が小さい方が、重要度が アップする」と考えてください。つまり、「記事のタイトルが、H1。大きい区切りの見出しが、H2。さらにその下の、小さい区切りの見出しが、H3」といった感じです。 ちなみに、あまりにも見出しの階層を深くしてしまうと逆に見づらくなりますから、普通は「記事のタイトル＆見出し2と見出し3を適度に」くらいですね。

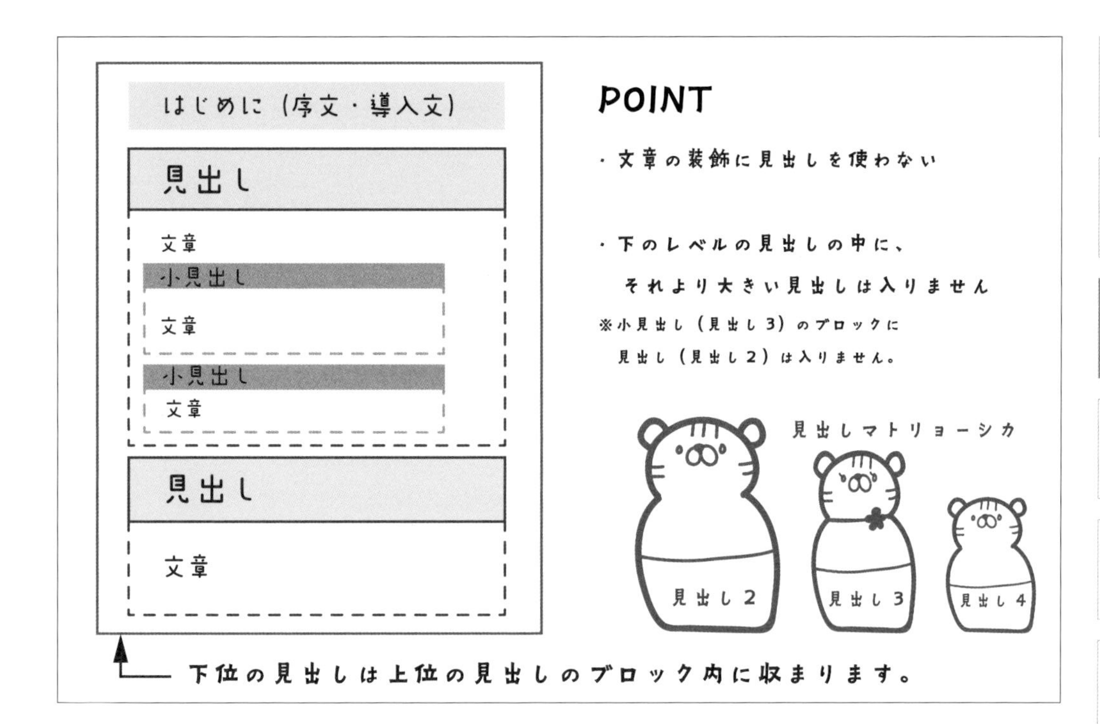

●本文の中で強調したい部分を太字に設定する

この一部分を目立たせたい！という場合は、太字にするのが効果的です。

図3-2-5を見てください。

文章を選択して、[B] ボタンを押すと太字になります。

ちなみに、ちょっとでも重要な部分だと思ったところを全部やってしまうと、太字が多すぎて、かえってどこが重要なのか分からなくなってしまうので、「ここだ！」というところだけに使ってくださいね！

● 図3-2-5　太字にする方法

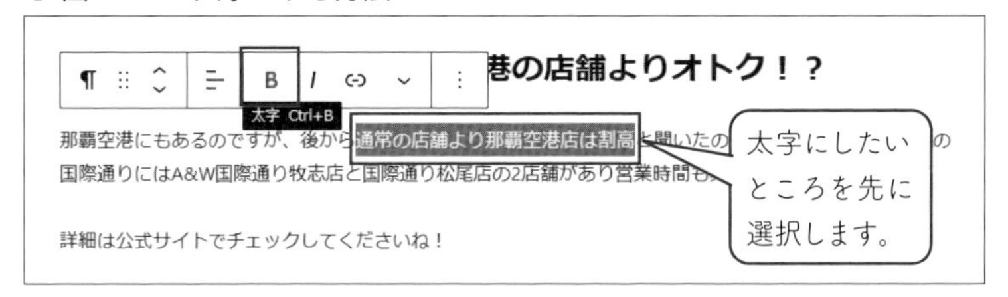

●記事内にリンクを設定する

例えば、記事の中でオススメのお店を紹介したら、そのお店のサイトにリンクさせたいですよね。そんなリンク設定も、簡単にできるんです！

図3-2-6を見てください。このように、リンクを設定したい文字列を選択して、[リンク挿入/編集ボタン] をクリックします。

● 図3-2-6　リンク設定（1）

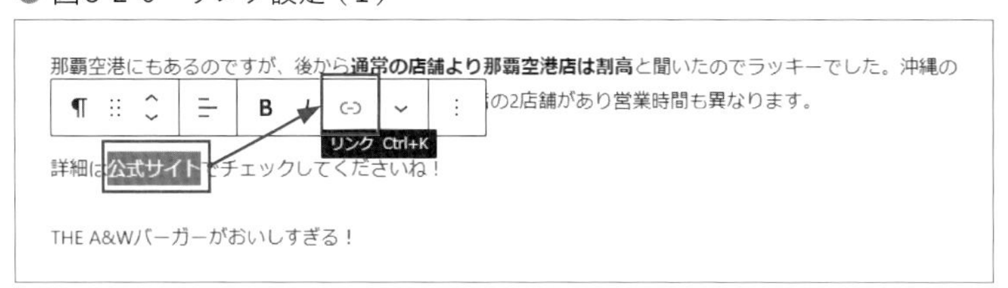

図3-2-7のように入力ボックスが出てきたらリンク先のURLを入れ、Enterのようなマークの [適用] をクリックします。これだけでOKです！

なお、URLの入力欄に文字を入れると過去の記事の検索結果が表示されるので、その一覧から選択して、過去の記事へ簡単にリンクを貼ることも可能です。

● 図3-2-7　リンク設定（2）

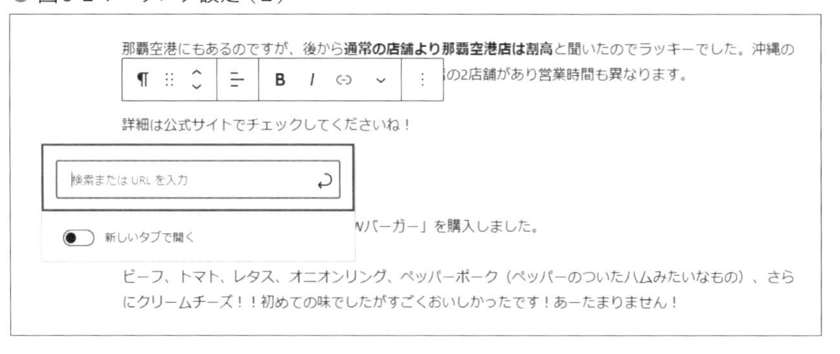

また、リンクを同じ画面でなく新しいタブで表示させたい場合は、下の段の [新しいタブで開く] ボタンをONにします（図3-2-8）。

● 図3-2-8　リンク設定（3）

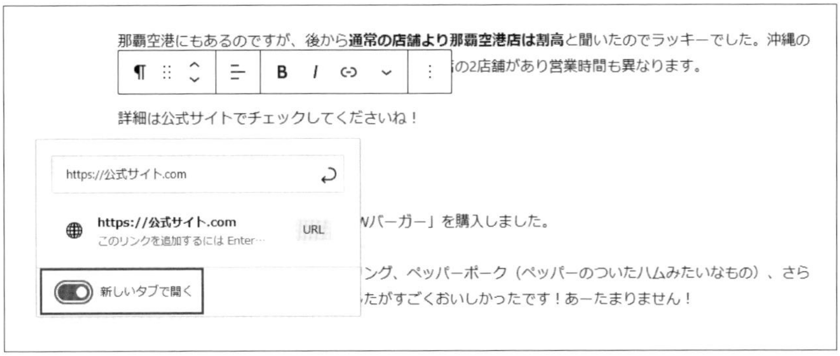

リンクの設定を解除または編集したい場合は、リンクを設定した箇所をクリックします。図3-2-9のメニューで編集したい場合は鉛筆マークを、リンクの解除をしたい場合は鎖が切れているマークをクリックします。

● 図3-2-9　設定したリンクの解除と編集

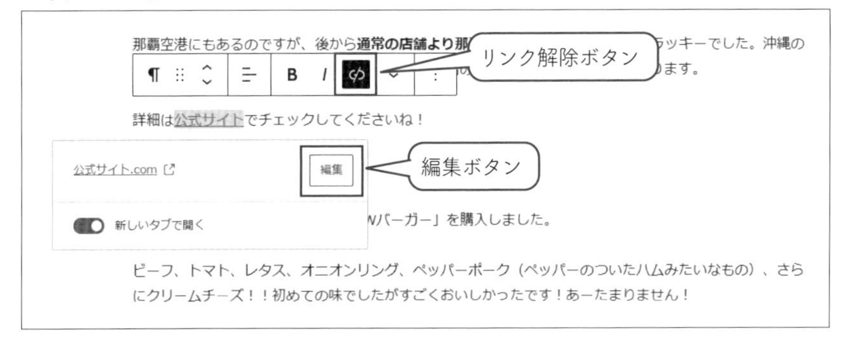

●カテゴリーとタグを設定する

図3-2-10を見てください。

右側のメニューを使って、カテゴリーとタグを設定します。図のように、あらかじめ決めておいたカテゴリーにチェックを入れます。もし新設したい場合は、[新規カテゴリーを追加] をクリックすれば追加可能です。

「タグ（しるし）」は一覧のリンクが記事に表示されるので、そのリンクをクリックすることで、同じタグのついた記事をまとめて見ることができます。「カテゴリーは違うけれども、同じ系統の情報」をまとめるのに便利です！

好きな文字を入力して［追加］と押すだけなので、気軽に利用できるのも魅力ですね。

● 図3-2-10　カテゴリーとタグの設定

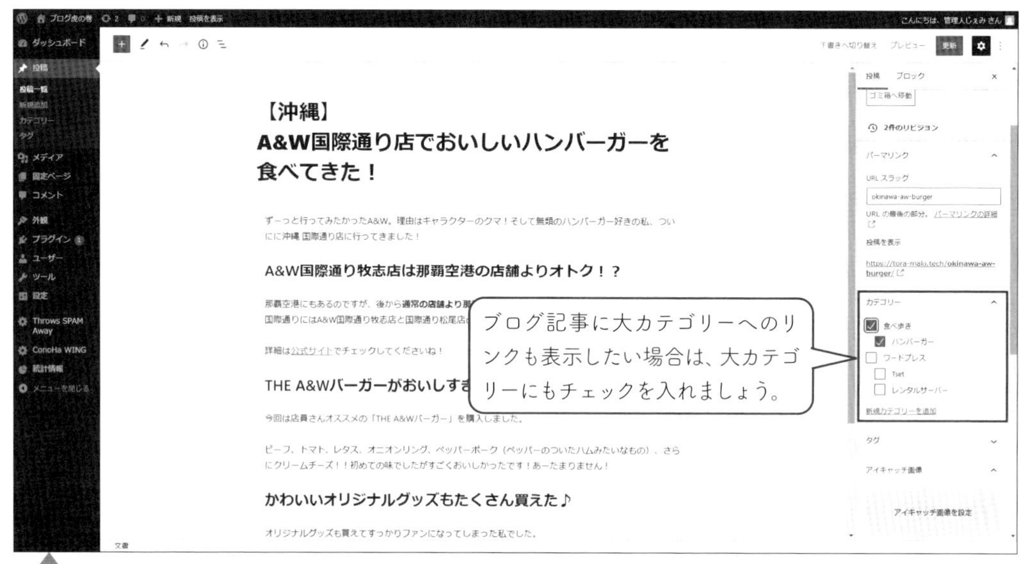

小カテゴリーだけチェックを入れれば、大カテゴリーにはきちんと含まれます（大カテゴリーのページを開くとその記事は入っています）。
大カテゴリーのチェックは記事へのリンクをつけるかどうかです。

●プレビューして、見え方をチェックする

図3-2-11の右上にある［プレビュー］ボタンをクリックすると、記事が公開されたときにどのように表示されるか確認ができます。

表示状態が“公開”になっていても、公開が“今すぐ”であれば、まだ公開されていませんのでご安心ください。“今すぐ”をクリックすると日時指定もできます。

ちなみに下部にある［リビジョン］というのは、“いろいろ書き直して下書き保存してしまったけど、元の状態に戻したい”といったときに戻せるバージョン履歴のようなものです。

● 図3-2-11　プレビューボタンの位置

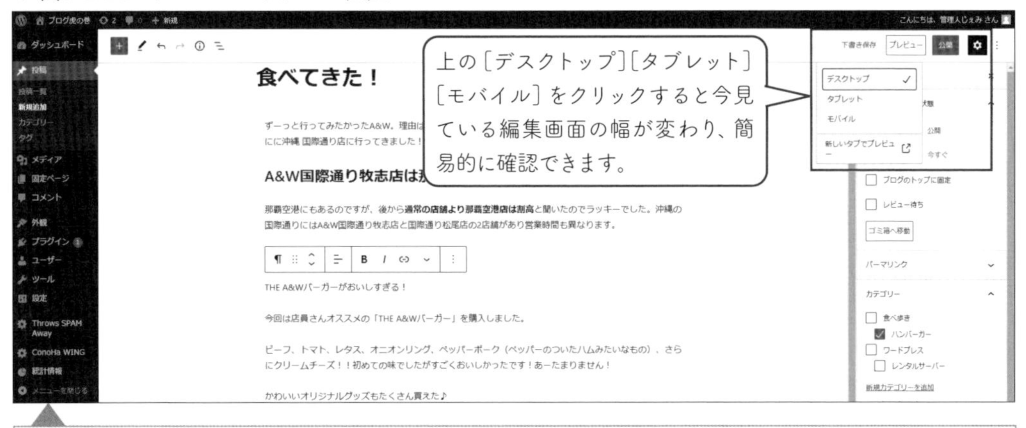

［プレビュー］をクリックしてメニューを開き、［新しいタブでプレビュー］をクリックすると、公開したときと同じ環境で確認できます。

●問題なければ、URLを決めて公開する

記事単体のURLですが、何も指定していないと、タイトルからコピーされて日本語のURLになってしまいます。日本語のままにしておくと、URLが意味の分からない文字列になってしまうので、ここを英語に修正しましょう。

図3-2-12を見てください。右側のメニューの中の［パーマリンク］を開きます。

● 図3-2-12　パーマリンク変更の方法

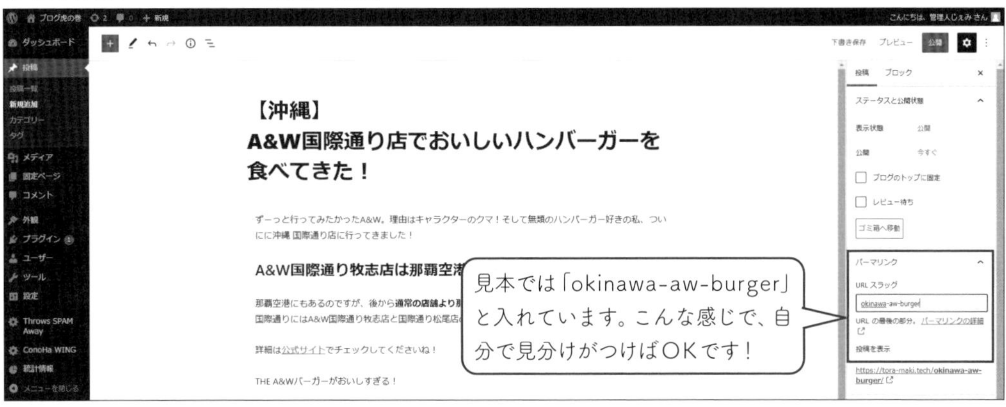

URLと書いてあるところにアルファベットを入力します。

入力に関してはGoogle翻訳を使ってもいいですし、ローマ字でも大丈夫です。重要なのは記事のURLが意味の分からない文字列にならないことなので、自分でどの記事か分かる文字列にしてあげましょう。

目指すのは、なるべく短く分かりやすいこと。基本的にスペースを入れたいときは「－（ハイフン）」を使い、つなぎたいときは「_(アンダーバー)」をそれぞれ半角で入力します。なお、大文字小文字を混ぜたりスペースを入れても、自動でイイ感じにしてくれるので、そんなに身構えなくても大丈夫です！

●下書き保存か公開する

問題なければ、［公開する］ボタンを押しましょう（図3-2-13）。今日は一旦ココまでという場合は、［下書き保存］を押せば下書き状態で保存されます。Gutenbergは基本的に自動で保存してくれるのも良いところの1つです。

下書きしたデータはワードプレス本体に保存されているので、インターネットにつながる場所からログインすれば、どこでも続きを書くことができます！

● 図3-2-13　ブログの公開・下書き保存

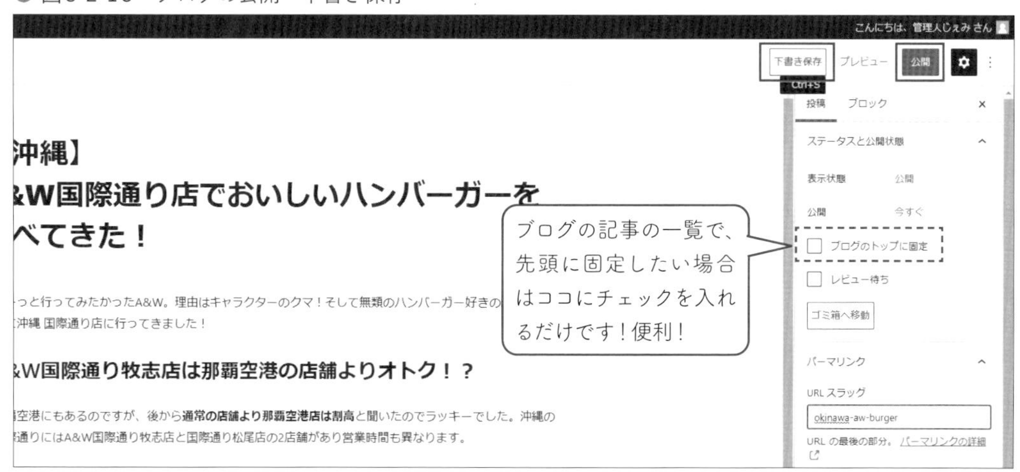

なお、公開時、図3-2-13のように［先頭に固定表示］を選択すると、ブログの新着記事一覧の先頭に表示されるようになります。特に人気の記事や気合いを入れた記事、注目事項や目次など、ブログのトップページに訪れた人に見てもらいたいページを指定すると、とっても効果的です！

今すぐ活用する必要はありませんが、こんな便利機能があるんだなーと頭の片隅に置いておいてくださいね。

これで、あなたの文章がインターネット上に公開されました。
大変だったと思いますが、基礎はここで終了です。

あとはどんどん記事を書いて公開していくことで、少しずつですが読者が増えてくることでしょう。頑張ってくださいね！

はじめてのブログをワードプレスで作るための本
BLOG
WordPress
WordPress5.X対応
[第3版]

Chapter

4

ブログの記事に画像を入れて、もっと楽しい記事にしよう！

Section 1

ブログの記事に画像を入れる方法

●保存・公開した記事の編集方法

ブログは基本的に文章が主役ですが、画像が入るだけでガラッと印象が変わります。この章では、ブログにアクセントを加えるための写真の挿入方法について解説していきますね。

まずは、第3章で作った文章の記事を開き、再び編集できるようにしましょう。

図4-1-1を見てください。記事を開いた状態で、ワードプレスのツールバーにある［投稿の編集］を利用するのが便利です。

● 図4-1-1　すでに公開している記事の編集方法

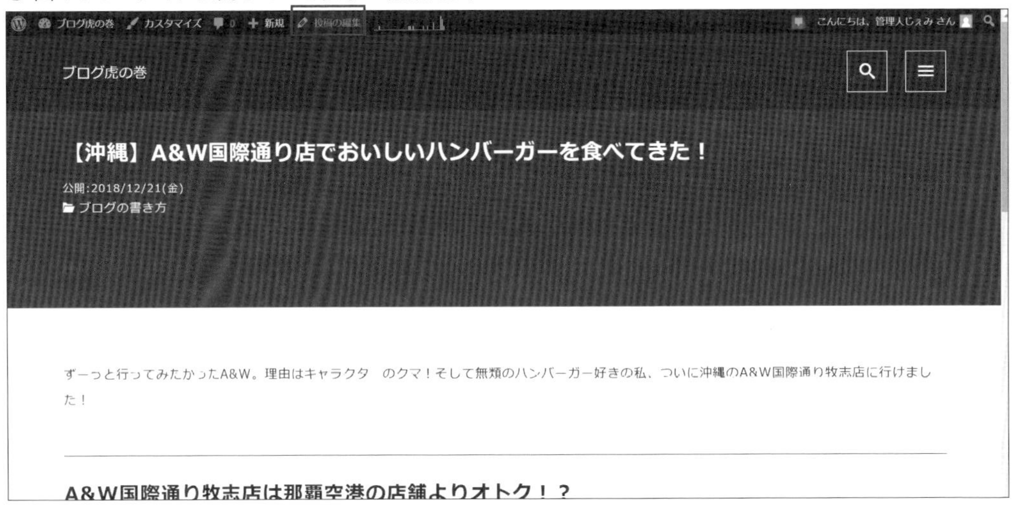

下書きの場合は、管理画面の投稿一覧（図4-1-2）から編集を開きます（投稿をクリックすると、一覧のページが開きます）。そこで、編集したい記事にマウスカーソルをあて、出てきた［編集］をクリックします。もちろん、公開した記事でも同じように編集を開けますよ。

● 図4-1-2　下書きで保存した記事の編集方法

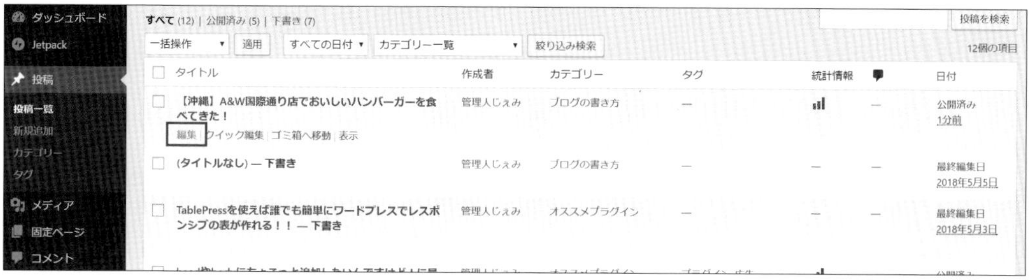

●記事の文中に画像を挿入する

記事への画像の挿入方法はいくつかあります。ベーシックな方法を2つご紹介しますね。

①画像ブロックを追加してファイルを設定する

図4-1-3を見てください。画像を追加したい場所にマウスカーソルを合わせて出てきた［+］印をクリックすると、ブロックの種類を選ぶ画面が出てきます。［画像］を選択しましょう。

● 図4-1-3　画像ブロックを追加する（1）

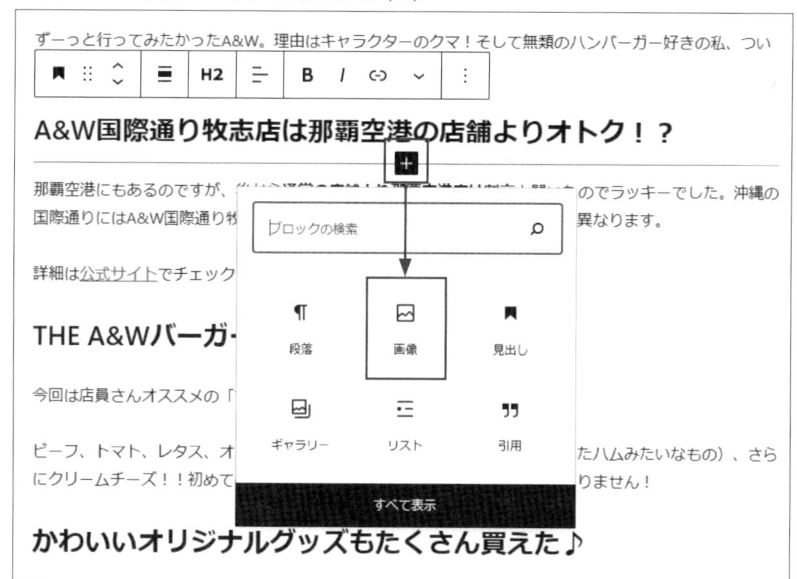

続いて、［アップロード］をクリックするとファイル選択画面が出てきます（図4-1-4）。追加したい画像を選択し［開く］をクリックしましょう。

● 図4-1-4　画像ブロックを追加する（2）

これで図4-1-5のように画像が表示されれば完成です。

● 図4-1-5　画像の追加ができました！

②画像をドラッグ&ドロップで追加する（オススメ！）

もう1つのやり方はコツをつかむまで少しやりづらいと思いますが、慣れると断然速いので練習するのがオススメです！

まず、図4-1-6のように画像の入ったフォルダと記事の投稿画面を並べましょう。そして画像をクリックしながら、追加したい場所に引っ張ります。

モノクロの画像で分かりにくいですが、**青い線が出たらそこが正解の場所**です！

● 図4-1-6　ドラッグ&ドロップで画像を追加する

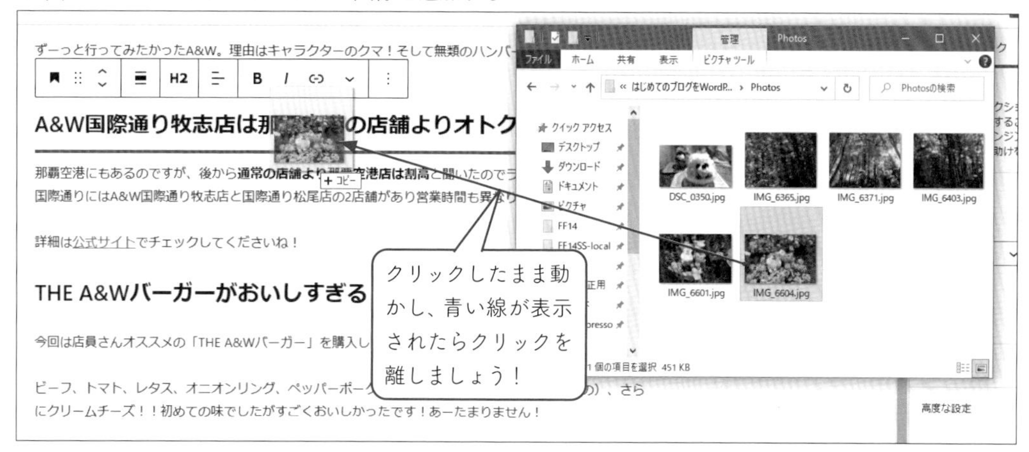

青い線が出た状態でクリックを離すと画像が追加され、先ほどの図4-1-5と同じ状態になります。

●代替テキストやキャプションを変更する

さて、せっかく画像を追加したので、見栄えやアクセスアップに役立つ設定をしましょう。追加した画像をクリックすると、右側に設定メニューが表示されます（次ページの図4-1-7）。

● 図4-1-7　キャプションと代替テキストを設定する

画像の下の文字は「キャプション」と呼ばれるもので、コメントを載せる機能です。クリックして文字を変更すれば完成です！不要であれば文字を消してしまいましょう。

重要なのは、右側のメニューで設定する「Altテキスト（代替テキスト）」です。音声読み上げなどで使われますが、画像検索などのときのキーワードになります。単語を区切って入力するのではなく、説明する文章の方が好ましいです。

●画像ファイルの大きさについて

初期状態では、画像の大きさは次の３種類になっています（テーマによって初期の設定が異なることがあります）。

小→150×150
中→300×300
大→1024×1024

元の大きな画像をそのまま掲載すると、ブログ記事のデータが増大し、表示に時間がかかってしまいます。そこで、ワードプレス側が自動的に使うサイズの画像ファイルを作っておいてくれるのです

今回使っているテーマ「Nishiki」では、ブログのトップに並ぶ画像サイズがサムネイルのサイズとなっています。キレイに並べたい方はぜひ設定を変更しましょう。

管理画面の［設定］→［メディア］を開き、図4-1-8のように「幅：640 縦：360」と入力します。その他使いたいサイズがあれば、中サイズと大サイズの長辺だけでも設定しておくと便利です。

私は縦画像が長くなりすぎないように、中サイズの高さを上限504にしています。

● 図4-1-8　管理画面で画像サイズの初期設定を変更する

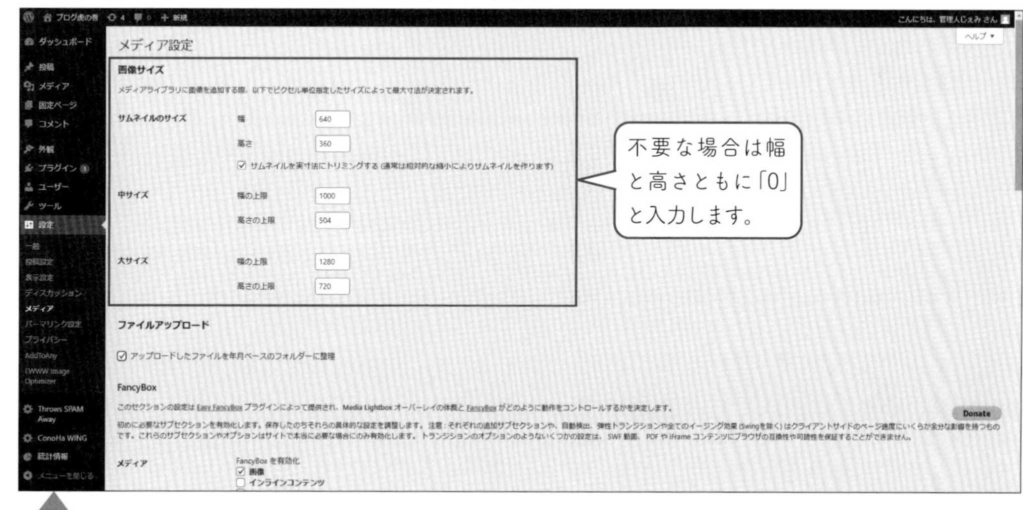

テーマ作者のイマムラさんは大サイズを1280×720にして、サムネイルと大サイズを使い分けているそうです。

●画像のサイズや配置を変更する

では、実際に記事内の画像のサイズや配置を変更する方法をご紹介します。次ページの図4-1-9を見てください。

簡単にできる機能がいくつも用意されていて、画像をクリックして、上部の三本マークを選ぶと画像配置のメニュー［左寄せ、中央揃え、右寄せ、幅広、全幅］が選べるボタンが並んで

います。全幅にすると、コンテンツ幅のサイズに広げてダイナミックな表示に変更できます。

● 図4-1-9　画像の配置やサイズの設定を変更する

また、小さくしたい場合や細かいサイズの設定をしたい場合は、右側のメニューで行えます。

●間違ってアップロードした画像を消す方法

アップロードした画像は、すべてワードプレスのメディア用のフォルダに保存されています。「記事に1度アップロードしたけど、やっぱり消して別の画像を使った」というような場合もメディアフォルダには両方保存された状態なんです。

そのままでも特に問題ありませんが、画像ファイルも整理整頓するに越したことはありませんので、一緒に削除の方法を確認していきましょう。

まず画像を何かクリックして、［置換］→［メディアライブラリを開く］の順にクリックします。

（記事を書いている途中でなければ左側のメニューの［メディア］をクリックします）

すると、図4-1-10のようなメディアライブラリが開かれます。

● 図4-1-10　メディアライブラリ

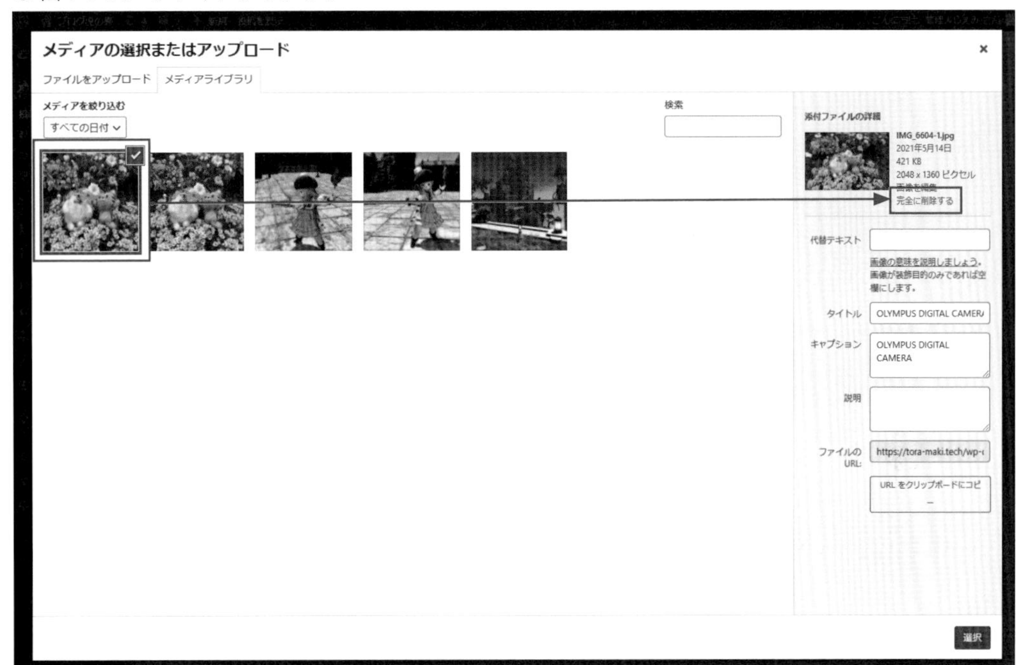

メディアライブラリの中で画像をクリックすると右側にメニューが出てくるため、そちらの［完全に削除する］をクリックすることで、ワードプレスのメディアフォルダから削除することができます。

ゴミ箱などには入りませんので、パソコンやスマホなどにない画像を削除するとき、本当に消して良いかチェックしてから消しましょうね！

●記事の顔となる「アイキャッチ画像」を設定する

アイキャッチ画像は、ブログのトップで一覧に表示されたり、記事をシェアしてもらったときに表示させたりと、いろいろな使い道があります。また、記事の最初にイメージ画像として置くことで、ページを開いた人に内容のイメージを伝え、好印象を持たれやすくなるというメリットもあります。

下の図を見てください。アイキャッチ画像がある方が、読み始める前のワクワク感があると思いませんか？

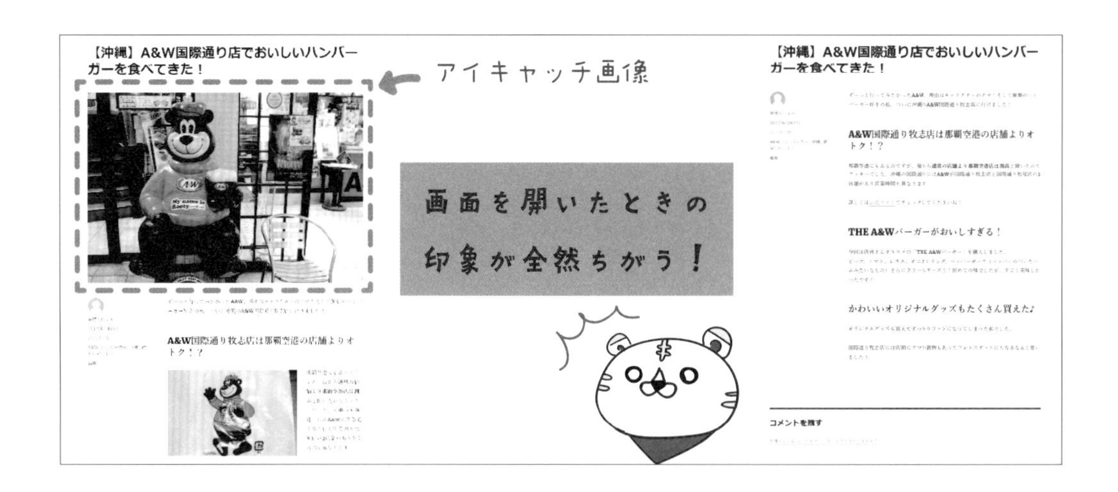

それでは、アイキャッチ画像の設定方法を説明していきましょう。

図4-1-11を見てください。右側のメニューの［アイキャッチ画像を設定］をクリックします。もしこのメニューが出ていない場合は、記事のタイトルあたりをクリックすると出てきます。

● 図4-1-11［アイキャッチ画像を設定］をクリック

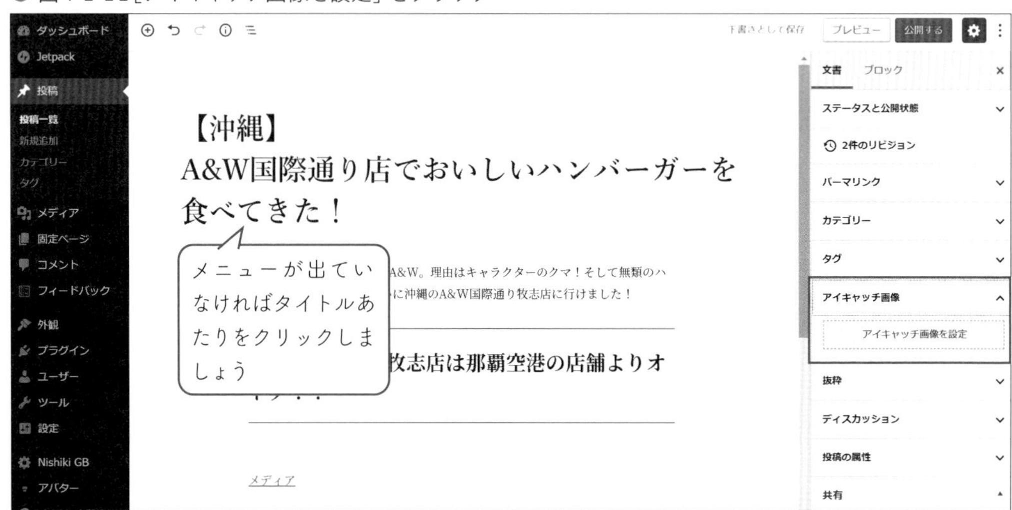

すでに記事内に画像をアップしている場合は、開かれたメディアライブラリから使いたい画像を選んで［アイキャッチ画像を設定］をクリックします（図4-1-12）。

● 図4-1-12　画像を選んで［アイキャッチ画像を設定］をクリックする

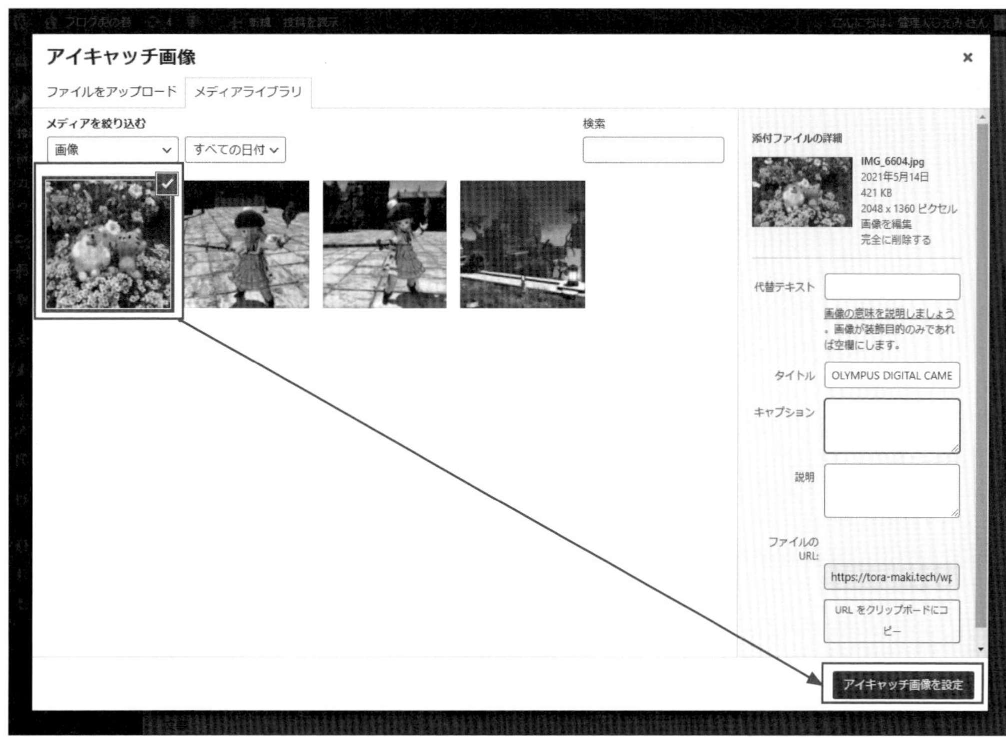

もし新たにアイキャッチ用の画像をアップロードしたい場合は、次ページの図4-1-13のようにメディアライブラリの左上にある［ファイルをアップロード］をクリックします。この画面の場所に画像ファイルをドラッグ&ドロップするか、［ファイルを選択］をクリックして画像を追加してくださいね。

● 図4-1-13 新たに画像を追加する

画像を追加した後は前ページの図4-1-12のような画面になりますので、画像が選ばれた状態で［アイキャッチ画像を設定］をクリックします。

アイキャッチ画像が設定されると、図4-1-14のようにサムネイルが表示されます。

● 図4-1-14　アイキャッチ画像が設定された状態

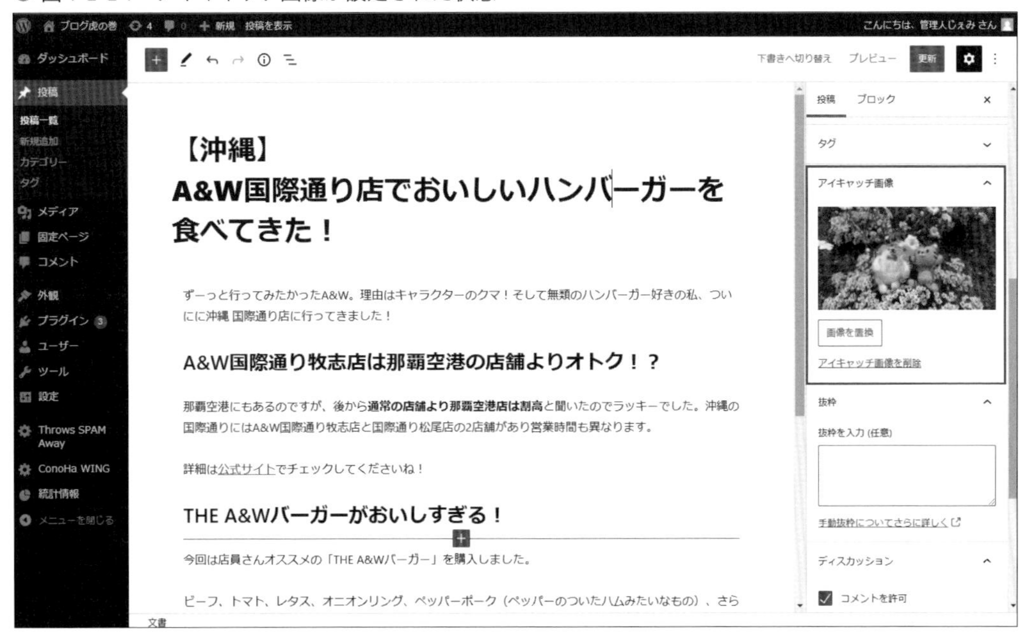

アイキャッチ画像を変更したい場合は［画像を置換］を選択し、削除したい場合は［アイキャッチ画像を削除］をクリックします。

アイキャッチ画像はまさにブログ記事の顔ともなるので、できる限り設定しましょう！

●複数枚配置したい場合は、ギャラリー機能が便利

同じ大きさの画像を20枚も30枚も縦に並べて貼ってしまうと、単調になりがちですよね。

そこで、ところどころサイズを変えたり横に並べたりして配置を工夫すると、見ている人の中にリズムが生まれ、目を引くことができます。

次ページの図4-1-15のような凝った配置を、誰でも簡単にできる機能が「ギャラリー」です。

● 図4-1-15　ギャラリー表示機能

記事のサムネイルをクリックして、右側のように大きく表示することもできます。

ギャラリーとして画像を追加する方法は、1枚の画像を追加するのと同じです。

● 図4-1-16　ギャラリーブロックを選択する

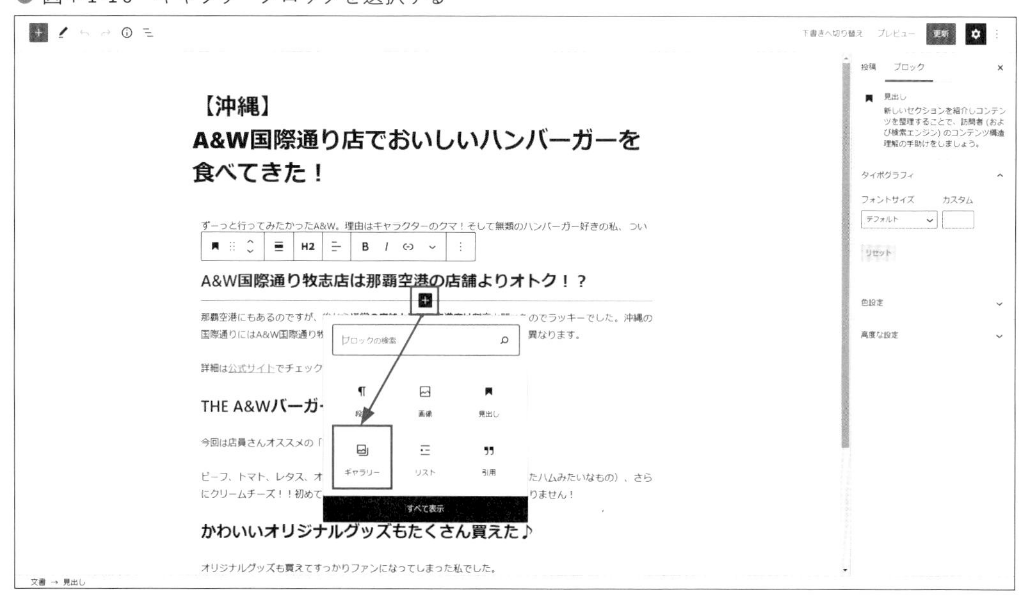

● 図4-1-17　複数枚の画像を選択する

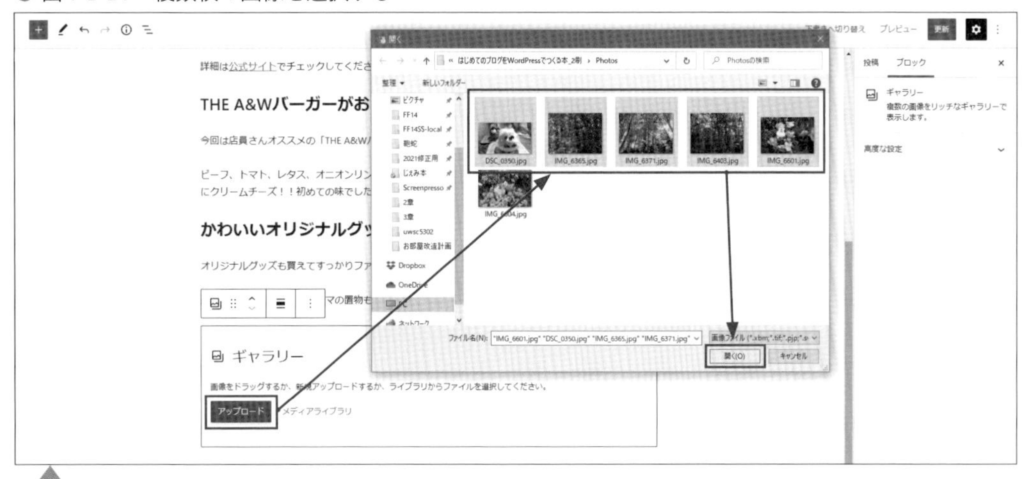

マウスで一気に選んでもいいし、キーボードの Ctrl キーを押しながら画像をクリックしても複数選択できます。

なお、こちらもドラッグアンドドロップで追加することもできます！複数の画像を一気にフォルダから選択して引っ張るだけなので、慣れるとこちらの方が速いかもしれません。使いやすい方法でやってくださいね。

● 図4-1-18　ギャラリーが追加された状態

画像を追加したい場合は［アップロード］をクリックします。

カラム数を変更すると、自動で良い感じに並べてくれます。カラム数は2〜4くらいが良いと思います。

また、ギャラリー機能を使う場合はスマートフォンで見るとかなり画像が小さいため、最初の例のように、画像をクリックしたら大きく表示されるようにしてあげると親切です。これはリンク先を［メディアファイル］に設定するだけです♪

なお、［画像の切り抜き］はオンにしておいた方が隙間なくキレイに並びます。嫌な場合はオフにしてもかまいませんが、表示上で切り抜かれるだけで実際に画像が変更されるわけではないので、オンにしておくと見栄えが良いですよ！

●ギャラリーブロックの代替テキストの変更方法

さて、画像を追加したときに「代替テキスト」を設定した方が良い、とお伝えしましたが、ギャラリーブロックの場合は少しやり方が変わります。

図4-1-19のように、ギャラリーの画像をクリックすると出てくる鉛筆マークをクリックし、［メディアライブラリ］をクリックします。

● 図4-1-19　ギャラリーの編集を開く方法

● 図4-1-20　メディアライブラリで代替テキストを設定できる

メディアの選択またはアップロード

×

ファイルをアップロード　メディアライブラリ

メディアを絞り込む

すべての日付

検索

添付ファイルの詳細

DSC_0350.jpg
2021年5月14日
215 KB
1920 x 1080 ピクセル
画像を編集
完全に削除する

代替テキスト

画像の意味を説明しましょう。画像が装飾目的のみであれば空欄にします。

タイトル　DSC_0350

キャプション

説明

ファイルの URL:　https://tora-maki.tech/wp-

URL をクリップボードにコピー

選択

キャプションは、このメディアライブラリの画面からでも記事投稿画面でも変更できます。代替テキストを設定するのは面倒かもしれませんが、画像検索に引っかかる可能性も出てくるので、適切に設定しておけると後から効いてきます！

Section 2 画像のサイズは、最低でも横幅400px以上にする

●画像は最低でも横幅400px以上は欲しい！

ここから先は、「別に必ずやる必要はないんだけど、やらないと損」という内容の説明になります。だから、読み飛ばしてもらってもかまわないのですが、本当に「やらないと損」なので、頑張って読んでみてくださいね！

最近では、スマホでのブログ閲覧が増えています。スマホ自体もかなり高画質で画面が大きいので、せっかく画像を入れたのにサイズが小さいと「よく見えない」なんてことになりがちです。

また、大きい画像は横長であれば自動で調整してくれますが、縦長の画像は記事がかなり長くなってしまいます。ですから、PCで見ている人も見やすいように、縦の長さは最大でも500px前後ぐらいにすると良いでしょう。

なお、「インパクトを出したい画像だけ大きくする」というのはとても効果的です。プレビュー画面を見ながら調整していきましょう！

●スマホの写真もアプリで明るくすると雰囲気が変わる

最近のスマホは、とてもキレイに写真が撮れますよね。でも、ちょっとした工夫を行えば、さらにもっと魅力的な写真にすることができるんです！

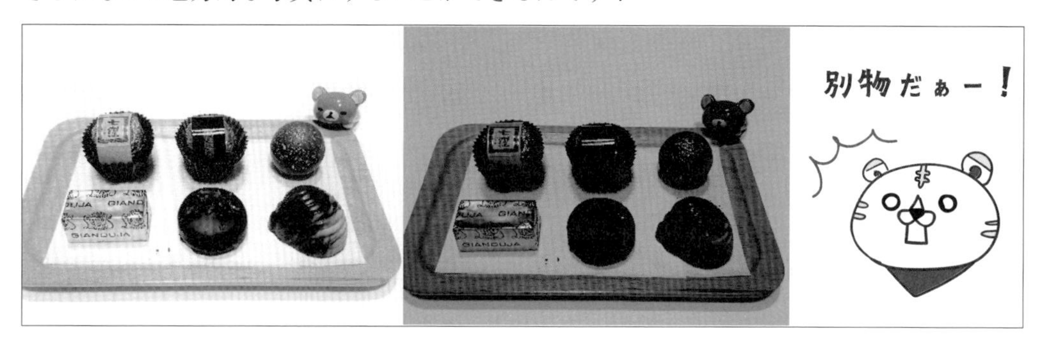

明るい写真と明るくない写真は、雰囲気が全く違います。

暗めでも雰囲気のある写真が撮れるようなカメラ好きの方なら、もちろんそのままで良いのですが、そうでなければ、スマホのカメラの写真で十分なので「明るく撮影する」ことを心がけましょう。

最も簡単なのは、撮影時に気を付けることです。

撮影時に十分明るいと、そのままでキレイです。でも、設定を少し変えるだけで、さらに魅力的な写真にすることも可能なんですよ！

●画像の加工アプリで調整することもできる

室内や夜間の撮影だと、カメラアプリで調整しようと思ってもうまくできず、明るく撮れない場合も多くあります。また撮った後で「少し暗かったなぁ」と思うこともありますよね。そんなときは、無料アプリで修正するというやり方がオススメです。

例えば、Windows10に最初から入っている標準のフォトアプリはとても優秀です。使い方も簡単なので少し紹介しますね。

● 図4-2-1「フォト」の開き方

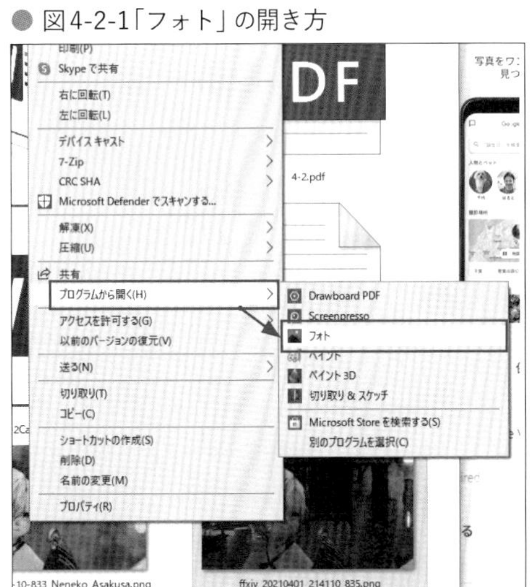

●図4-2-2 ［編集と作成］→［編集］とクリック

図4-2-1のように修正したい写真を右クリックして、［プログラムから開く］→［フォト］を選択します（初期状態では、ダブルクリックすると自動でフォトアプリが開くようになっています）。

続いて図4-2-2のように［編集と作成］をクリックし、出てきたメニューから［編集］を選びます。何も出ていない場合は、画像をクリックするとメニューが出てきますからね。

● 図4-2-3　トリミングやサイズ変更

この画面で、余分な部分をカットして画像の比率を変えたり、一部分を切り取ったりできます。Nishikiのテーマで使う場合は16：9がオススメなので［ワイドスクリーン］で製作しましょう。

● 図4-2-4　フィルター機能では自動修正もできる

画像4-2-4を参考にフィルター機能も見てみましょう。ここでは簡単に画像の印象を変えることができます。特に［写真の補正］はクリックするだけで自動的に良い感じにしてくれる便利機能です。

しかし、無料アプリということもあって思ったようにならないことも。その場合は細かい修正をしていきましょう。

● 図4-2-5　調整タブではかなり細かくスライダーをいじれる

細かく修正するには［調整］をクリックします。右メニューの［ライト］と［色］は、クリックするとさらに細かいスライダーが出てきます。

明るくできるのはとても便利ですが、白くなりすぎたり、細かい部分が飛んだりしてしまうことがあります。その場合はハイライトを下げて影を明るくすると、質感は残しつつ明るくできることもあります。

あと覚えておきたいのが「スポット修正」機能です。写りこんでしまったほこりや、はみ出た髪の毛などを、なぞるだけで消したりできます。

困ったら［すべて元に戻す］を押せば大丈夫ですので、どんどん試してみましょう！

●Canvaでかっこいいアイキャッチ画像を作ろう

さて、パソコンがWindowsではない！とか、出先やスマホでも画像作成をしたい！という方にもオススメなサービスを紹介しますね。

文字を入れたりイラストを添えたり、アイキャッチ画像をかっこよくしたい！または写真に解説を入れたいときにピッタリなサービス、それが「Canva」です。

Canva（キャンバ）とは、オンラインで使える無料のグラフィックデザインツールです。こんな言い方をすると難しい印象がありますが、インストールをしなくても会員登録するだけで、かっこいいチラシや画像、ロゴなんかが作れます。

テンプレートや写真素材が豊富に用意されているので、それらを組み合わせたり、画像を差し替えたりするだけでもアイキャッチ画像が完成しちゃいます！ちょっと難しそうに感じるかもしれませんが、ExcelやWordなどOfficeソフトの画像の扱いに少し似ていて操作が簡単！きっとすぐできるようになると思いますよ♪

有料プランではオンラインで保存できる容量が増え、使える素材が増えます。一般の初心者ブロガーさんであれば無料でも十分なので、時間があるとき触ってみることをオススメします。

▼Canvaのイイトコロまとめ

- ブラウザがあれば利用できる！インストール不要！
- Android版、iOS版の専用アプリもある！
- ログインすれば、スマホで編集したりPCで続きをしたりとラクチン
- 無料でも200万点以上の写真やイラスト素材がある！

●Canvaの会員登録はGoogleアカウントを使うとカンタン！

使う前にまず会員登録をしましょう。「https://www.canva.com/」にアクセスし、右上の［登録］をクリックします。

● 図4-2-6 Canvaの会員登録をする

このときにGoogleかFacebookのアカウントを使うと、紐づけができてログインするのが簡単になります。もちろんメールアドレスで登録してもかまいません。好きな登録方法を選んでクリックしましょう。

● 図4-2-7 Canvaの会員登録（2）

名前やメールアドレス、パスワードを設定する画面（図4-2-7）では、Canvaに登録したい名前とメールアドレス、パスワードを入力し［無料で開始！］をクリックします。

● 図4-2-8　登録したメールアドレスに来た認証番号を入力する

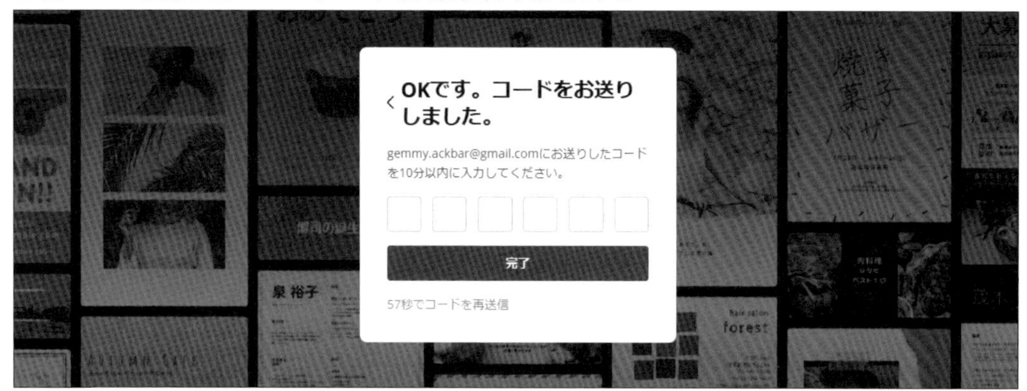

先ほど入力したメール宛に「○○は、メールの確認を完了するためのコードです」といった内容のメッセージが届いていると思います。その番号を10分以内に入力し［完了］をクリックしましょう。

● 図4-2-9　Canvaの利用目的アンケート

ここでアカウントの登録は完了です。図4-2-9のようなアンケートが出てきた場合は、ご自身の使い方に沿ったものを選んでください。

●キャンバスのサイズをブログの画像サイズにしよう

さて、いよいよ画像を加工する手順です。Canvaの無料版では、最初に選択した画像サイズでダウンロードすることになるので、大きめサイズの16：9で制作を始めましょう。

●図4-2-10　マーケティングのブログバナーから選ぶとカンタン！

右上の［カスタムサイズ］ボタンから細かいサイズ指定ができます。

図4-2-10のように［マーケティング］から［ブログバナー］を選択すると、2240×1260という大きめの16：9のサイズが作れます。なお、今後のことも考えて大きめサイズをオススメしていますが、ぴったり大サイズだけで良い場合は、［カスタムサイズ］で［1280×720ピクセル］を選択しましょう。

●Canvaの基本画面を確認しよう

● 図4-2-11　Canvaの基本的な画面

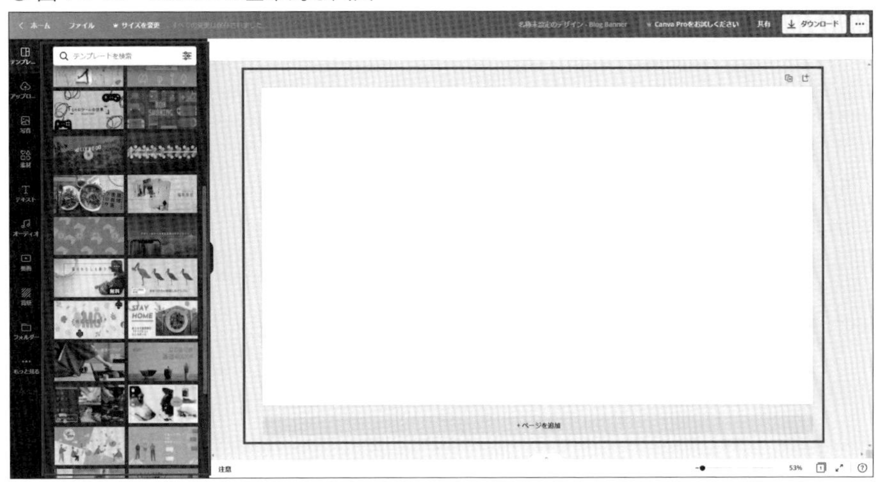

図4-2-11を見てみましょう。右側の真っ白い部分が作業スペースです。ここの上部に対応したメニューが出てきます。左側はテンプレートや画像などの素材スペースです。王冠マークが付いているものは有料素材で、「無料」と書いてあるものは無料プランでも使えます。

試しにテンプレート欄のものを何でも良いのでクリックしてみましょう。

● 図4-2-12　このテンプレートを使うことも可能

図4-2-12のように作業スペースにテンプレート素材がコピーされました。画像や文字を変えるだけでアイキャッチ画像が完成してしまいますね！

●Canvaで画像を加工してみよう！

実はCanva自体でも画像の加工ができます。先ほど紹介した写真専用の編集アプリよりも少し簡易的ですが、アイキャッチ画像を作るには十分です。

例えばくっきりしすぎる画像だと上に載せる文字が見えにくいのでぼかしたり、明るくしたり暗くしたり、ちょっとオシャレなエフェクトをかけることも可能です。

● 図4-2-13　画像のアップロードも簡単

オリジナルの素材を使う場合は、左メニューの［アップロード］をクリックしファイルを選択します。アップロードが完了したら、テンプレートのときみたいにクリックすると作業スペースへコピーされます（図4-2-13）。

画像をクリックすると、4隅と中央に白い○や□のハンドルが表示されます。それらを使って大きくしたり小さくしたりキャンバスに好きなように配置しましょう。他の作業をするときに間違って動かしてしまうと面倒なので、右上の鍵マークをクリックし、ロックするのがオススメです。

ダブルクリックすると、余分な部分を切り取るトリミングや縦横の比率変更も可能です。

● 図4-2-14　画像の調整メニューを見てみよう

画像をクリックすると、図4-2-14のように上にメニューが出てきます。メニューの内容をクリックすると、左部分にさらに詳細な設定項目が表示されます。ここで［調整］をクリックすると明るさなどをいじることができ、微調整することができます

●テンプレートの素材を一部変更する

画像の変更と同じように□で囲まれたところをクリックすると、グループ化されている文字と□が同時にサイズ変更できるようになります。位置やサイズを微調整したり、文字列をクリックして好きな文字に変更しましょう。

● 図4-2-15　文字を変えてみよう

図4-2-15を見てください。画像のときとは違うメニューが上に出ていますね。ここで文字色を変更したり、フォントサイズの指定やフォントの種類を変えたりできます。

今回は使わないので消してしまうことにします。消す場合は、□や文字を選択した状態で Delete キーを押すか、右上のゴミ箱のマークをクリックしましょう。

●Canvaで画像に文字を入れてみよう！

1から文字を入れる方法もチェックしておきましょう。

● 図4-2-16 ［テキスト］から好きなテンプレートを選ぶ方法

一番左のメニューで［テキスト］を選択すると、図4-2-16のように文字の入力かフォントの組み合わせ（テンプレート）を選択できます。好きなものを選び、まずは色の変更をします。

● 図4-2-17　上のメニューの［文字色変更］を選択

全体を選択した状態で［文字色変更］を選び、好きな色にします。文字列のところでもう1回クリックすると文字の内容を変更できるので、好きな文字にしましょう。外側を選んだ状態でサイズ変更をしたら完成です。

注釈など普通の文字を入れる場合は、図4-2-18のように［見出しを追加］を選択します。

● 図4-2-18　見出しを追加

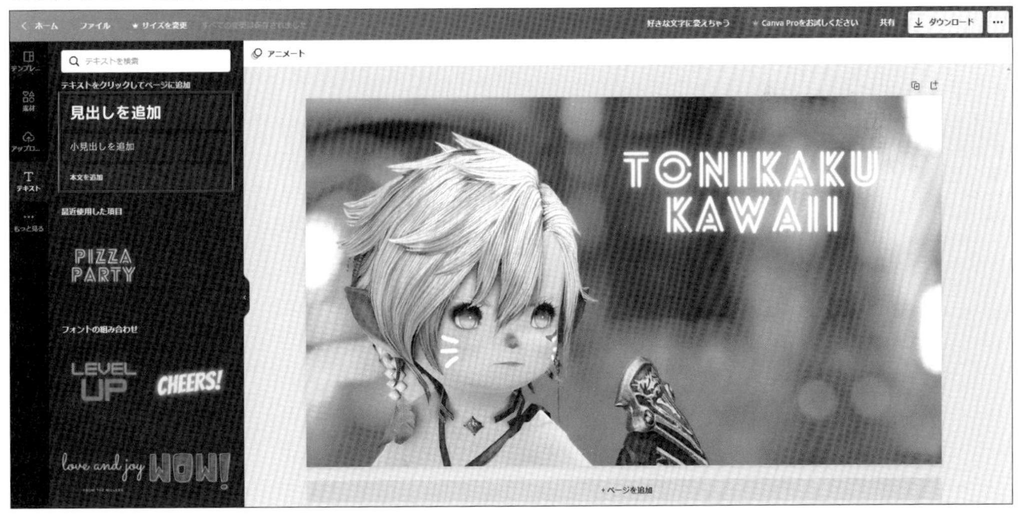

ちなみに、それぞれに適したフォントがあらかじめ設定されているだけなので、小見出しでも本文でもどれでもOKです。同じように文章の内容やサイズを調整して完了です！

●イラストや矢印を追加する

注釈など、注目して欲しいポイントに矢印を入れてみましょう。

● 図4-2-19 イラストを追加する

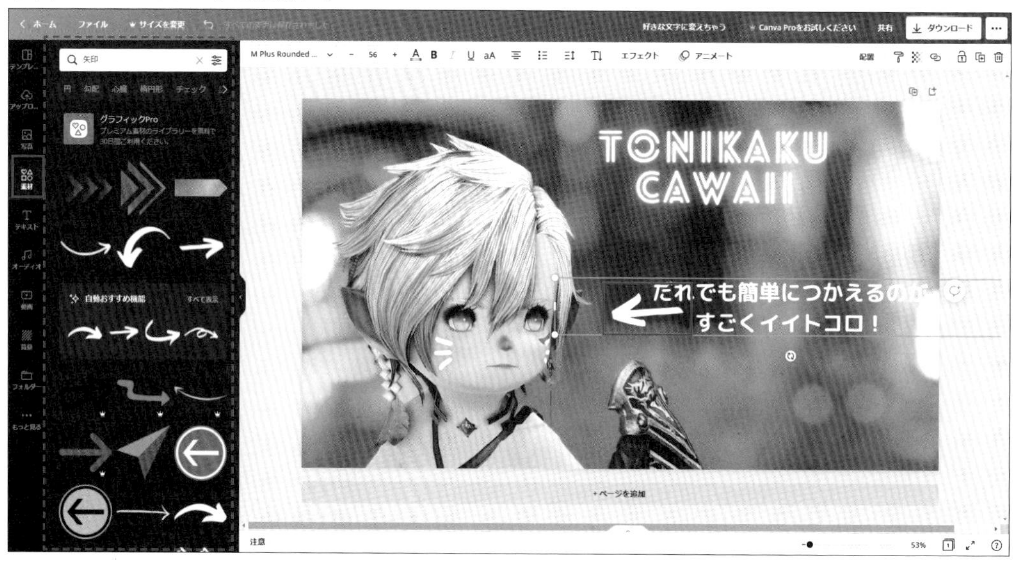

左メニューの［素材］をクリックすると、イラストや図形の素材がたくさん出てきます。これらを組み合わせてアイキャッチを華やかにできます。

今回は矢印を追加します。「矢印」と検索したらたくさん出てきましたね（図4-2-19）。王冠マークが付いているのは有料素材ですので、無料の矢印を1つ選びました。

●並べる順番を入れ替えて使いやすくしよう

要素が増えてくると、重なりあってサイズの調整がうまくできないことがあります。そんなときは順番を入れ替えましょう。

● 図4-2-20　右クリックで順番を入れ替える

一番上になってしまっているアイテムを選択してから右クリックすると［背面へ移動］が出てきます。これで順番を変えて好きなように配置しましょう。

●慣れるとフォトアプリ→Canvaで10分以内に作れる！

● 図4-2-21　Before→After

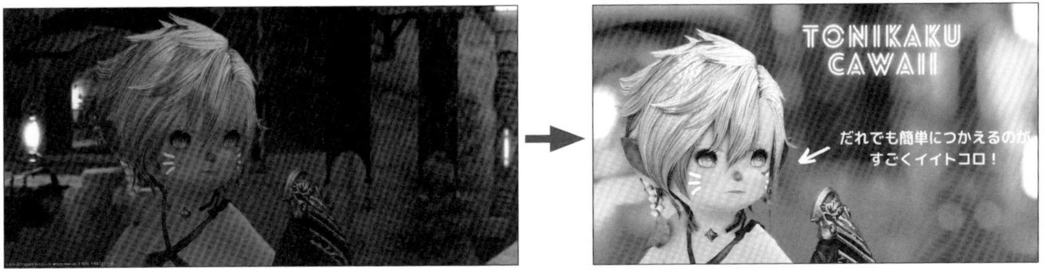

2色印刷で伝わりにくいかもしれませんが、何も気にせず撮ったスクリーンショットからかなり雰囲気が変わります。アイキャッチ画像は記事の顔なので、特に気合いを入れたい部分です！

撮影時の明るさ、画像サイズの比率、ここだけでもぜひこだわってみてくださいね。

●ワンプラスアイディア！元の画像のサイズが足りなくて困る！という場合

そうそう、1点よくお困りの様子を見かけるのが、元の画像が正方形だったりして16：9にうまくできない場合です。

例えば本のレビューをしたいとき、スマホで縦長の写真を撮ってしまい、横に切り取ると全体像が入らない……！そんなときもCanvaにお任せです。

● 図4-2-22　3分で完成！　16：9のアイキャッチ画像にできた！

図4-2-22のように縦長の画像をアップロードし、素材から適当に選んだ背景の上に載せるだけ！例のように片方に寄せて文字を入れてもいいし、中央に本の表紙を置いて左右にイラストや飾りを置いてもいいですね。

このように工夫をして、アイキャッチ画像だけでも16：9の比率を守りましょう。

●有料だけどオススメの「Lightroom」

最後にもう1つだけ紹介しますね。有料アプリの「Lightroom（ライトルーム）」は、プロカメラマンも使っている優れもののアプリです。なんだか暗くなってしまった写真も、自動で一発修正することができます。自動でうまくいかない場合も、スライダーを動かすだけ微調整することができるので簡単です！

● 図4-2-7　元の画像をLightroomで自動補正

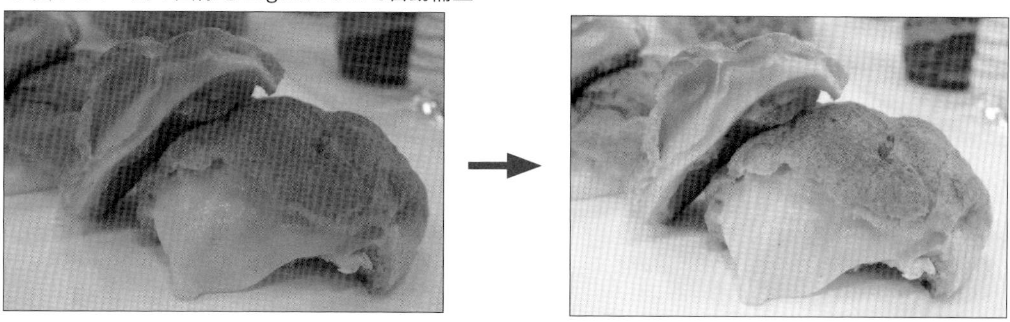

Lightmomにはフォトプランというものがあり、Photoshopというソフトとセットで月額980円（税抜）で利用できます。無料のアプリに比べるとかなり細かな設定ができることと、自動修正も大変優秀なので、使ってみる価値はありますよ。

ちなみに、スマホのアプリと連携もできます！

最初のうちは無料のアプリで十分ですが、少し明るくするだけで印象がググッと変わります。商品レビューをする方は特に写真が重要ですので、有料アプリを使うこともぜひ検討してくださいね。

Section 3

動画の埋め込みなど便利なブロックでもっとにぎやかにしよう

●動画も広告も簡単に配置できる！

文章と画像の入れ方をマスターしたので、基本的な記事は書けるようになりました。

ここから先は、記事を書いているうちに「試したくなったらやってみる」くらいの感覚で取り入れてみてくださいね。最初からすべてできるようになる必要はありませんが、ワードプレスにはこんなことができる、というイメージを持っておきましょう！

他にもいろいろありますが、今回は便利なものをいくつかを紹介します。

- 動画（YouTube）やTwitterを記事に埋め込む
- 広告など埋め込みHTMLを入れる
- スペース（間隔）を空けて見やすくする
- カラムブロックで表示を整える
- カバーブロックでオシャレなヘッダー画像を作る
- HTMLタグを少しいじりたいときはどうしたら良いのか（おまけ）

さて、さっそく動画やSNSの投稿を記事に入れる方法から説明します。

●動画（YouTube）やTwitterを記事に埋め込む

YouTubeやTwitterのツイート、Instagramの投稿を記事で紹介したいとき、実はものすごく簡単です。なんとURLをコピーして貼り付けるだけで、ワードプレスが勝手に変換してくれます。

図4-3-1を見てください。まずはYouTubeで試してみましょう。動画のページを開いた状態で［共有］ボタンをクリックします。そして［コピー］をクリックすると自動でYouTube動画のURLリンクがコピーされます。

● 図4-3-1　YouTubeやTwitterの投稿のURLをコピーする

続いてワードプレスの投稿画面の本文のところで、右クリックして［貼り付け］すると完成です（次ページの図4-3-2）。

● 図4-3-2　投稿画面で貼り付ける

● 図4-3-3　YouTubeが埋め込まれた状態

図4-3-3のように自動で埋め込まれるのは、埋め込みブロックに対応しているサイトのものであれば、URLで判断して自動で埋め込みブロックに変換してくれているからなんですね。

鉛筆ボタンをクリックすればURLの変更もできます（図4-3-4）。

● 図4-3-4　URLを変更したい場合

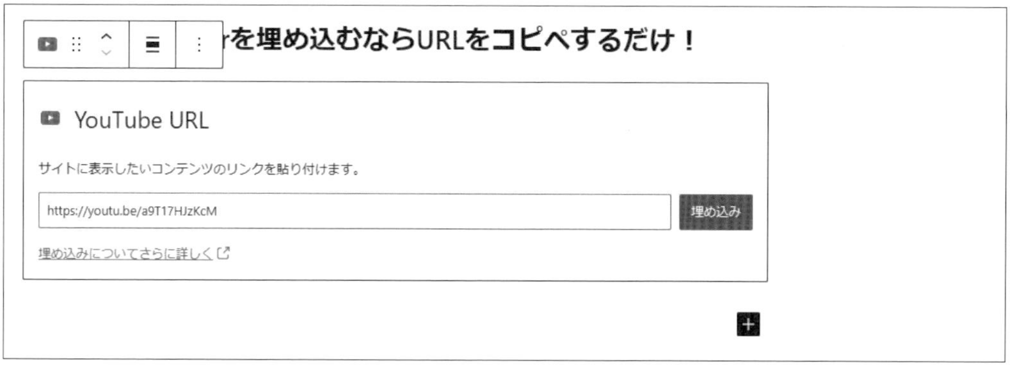

…を埋め込むならURLをコピペするだけ！

YouTube URL

サイトに表示したいコンテンツのリンクを貼り付けます。

https://youtu.be/a9T17HJzKcM　埋め込み

埋め込みについてさらに詳しく

続いて図4-3-5を見てください。TwitterのURLの取得方法も紹介します。

● 図4-3-5　TwitterのツイートURLをコピーする方法

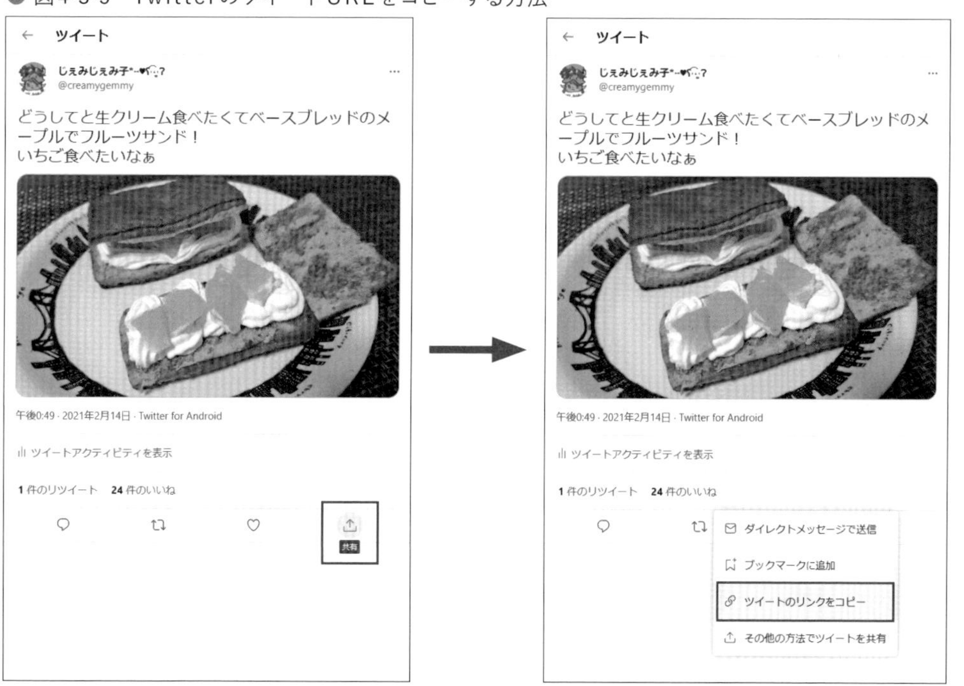

ツイートの右下にあるマークをクリックすると出てくるメニューから［ツイートのリンクをコピー］をクリックします。するとツイートのURLがコピーされているため、あとは図4-3-2と同じように貼り付ければ完成です。

●その他、広告など埋め込みHTMLを入れる

YouTubeやTwitter、Instagramはそのまま自動で変換されますが、用意されていないHTMLタグも埋め込むことができます。広告を貼りたいときなどに使うので、なんとなく覚えておくと便利です。

まず+印をクリックし［ウィジェット］の［カスタムHTML］を開きます（図4-3-6）。「ブロックの検索」バーに「カスタム」と入力すると出てきます。

● 図4-3-6　カスタムHTMLブロックを開く

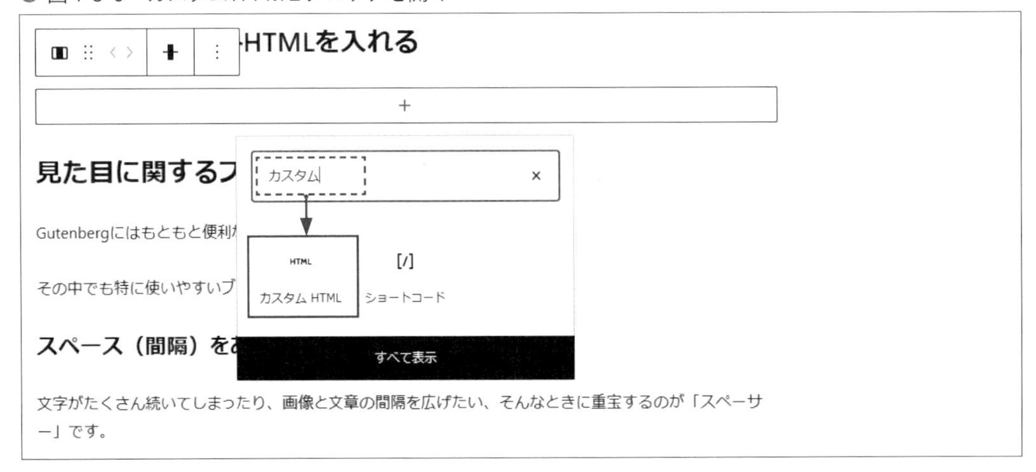

出てきたボックスの中に埋め込みたいHTMLタグを貼り付けます（図4-3-7）。

● 図4-3-7　HTMLを入力する画面

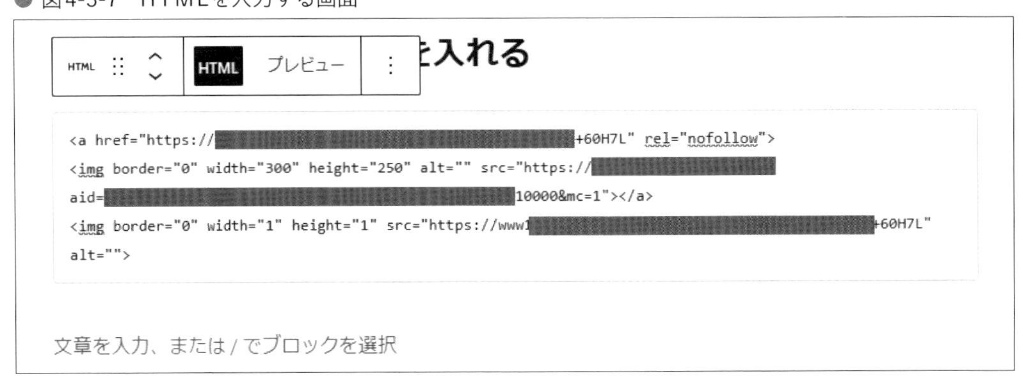

以上で、広告なども埋め込むことができます。

なお、「再利用ブロック」という機能があり、そこに登録するとブロックごと保存してくれるので、別の記事で簡単に呼び出すことができます（図4-3-8）。

● 図4-3-8　再利用ブロックに登録すると呼び出して利用可能！

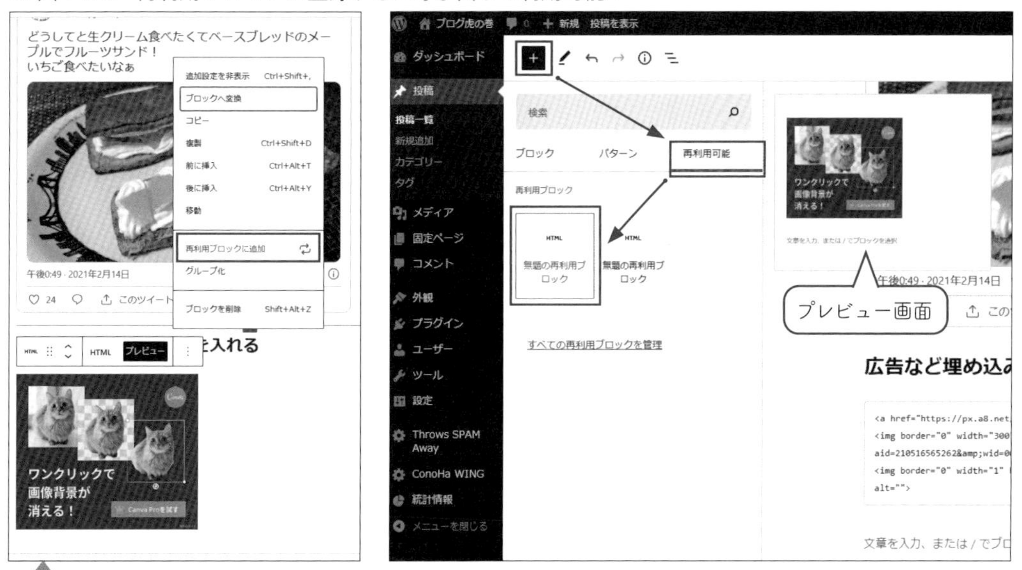

再利用ブロックは左上の＋から呼び出すことができ、マウスカーソルを合わせるとプレビューが表示されます。

その他、プラグインを使うと吹き出し風の表示をカンタンに作ったり、商品紹介リンクをキレイに表示させたり、画像ギャラリーがオシャレになったりいろんなものがあります。

●スペース（間隔）を空けて見やすくする

文字がたくさん続いている、画像と文章の間隔を広げたい、そんなときに重宝するのが「スペーサー」です。

まずは、図4-3-9のスペーサーを使った場合の完成図（右側）を見てください。

● 図4-3-9　スペーサーを使うと表現が広がる

左は普通に文章と画像を追加した場合です。これだとどちらの画像についてのコメントか分かりにくくなりますが、スペーサーでスペースを入れることで、分かりやすく、そして見やすくなりました。

追加する方法は、＋印をクリックして図4-3-10のようにデザイン要素の［スペーサー］をクリックしましょう。

● 図4-3-10　スペーサーブロックを追加する

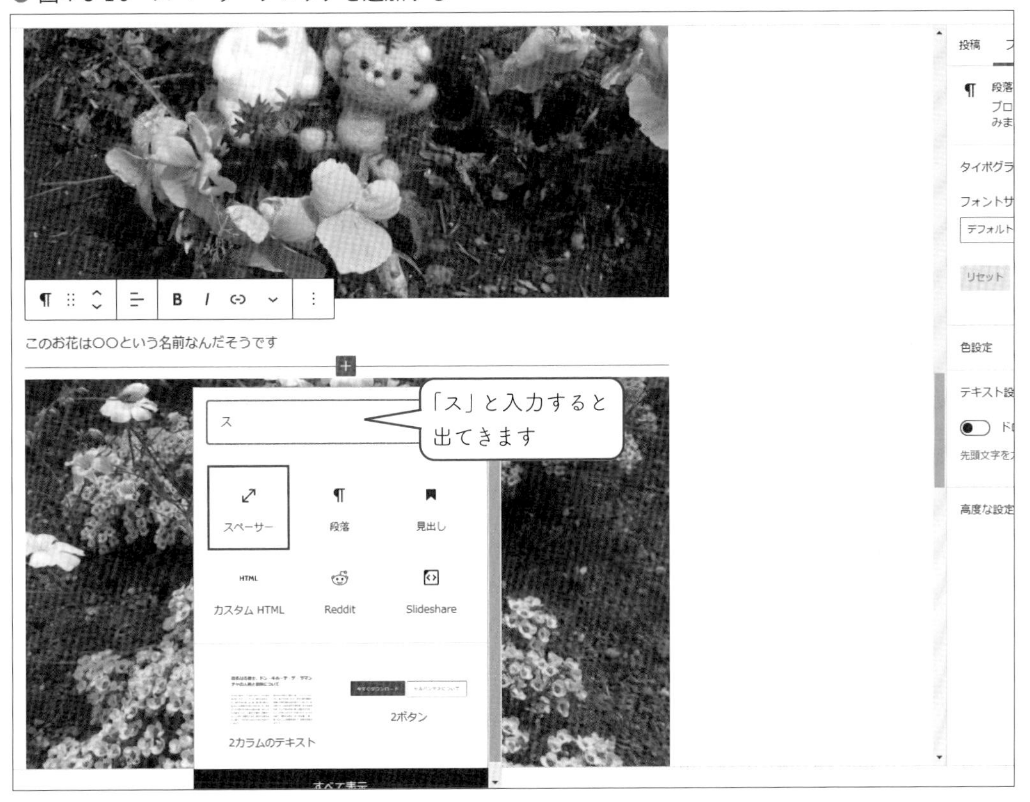

あとはスペースの調整ですが、青い●のハンドルをクリックして動かすと高さが自由に変更できます（図4-3-11）。

● 図4-3-11 スペースの高さを変更する

また、右側のメニューで数字を入力することもできます。

●カラムブロックで表示を整える

使い方次第で見やすさやレイアウトの自由さが急上昇するのが「カラムブロック」です。

これは文章や画像などのブロックを入れる箱のようなもので、見やすさをキープしやすいです。完成品を元に進めましょう。

● 図4-3-12　カラムブロックは画面幅で自動的にレイアウトが変わる

見ている側だと「普通じゃないの？」と思うようなものですが、例えば画像の右側に文字を表示する場合、従来はスマホなどで閲覧し画面幅が狭くなると、隙間に文字が入り込んでしまうなど思った表示にならないことがありました。

カラムでひとくくりにされているブロックは、最大幅なら横並びになります。そして横に並べなくなったら自動で縦に並びます。また、広告コードなどを貼ると左端や右端など変な場所に表示されてしまうなど、うまく位置調整ができない場合も、カラムブロックの中に入れてあげれば解決します。

PCやスマホでイイカンジに自動で表示されて欲しいなぁ！という場合は、カラムに入れたら大体なんとかなる！そんな感じで覚えておくと良いかもしれませんね。

では使い方です！
まずは＋印をクリックし、デザインの［カラム］を開きます（図4-3-13）。

● 図4-3-13　カラムブロックを開く

続いて、あらかじめよく使いそうな幅の割合がパターンで出てきますので、好きなものを選びます（図4-3-14）。

● 図4-3-14　レイアウトを選ぶ

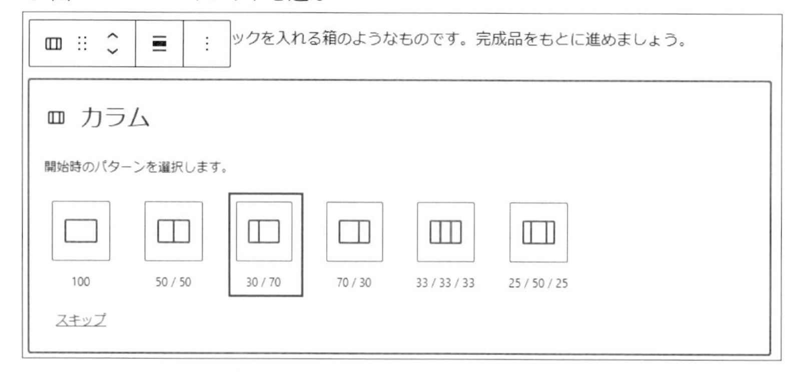

今回は「30/70」を選びましたが、好きなものを使いましょう。単に入力した広告コードの位置がおかしいなどの場合は「100」を選んで入れてあげてください。

すると、図4-3-15のように割合に分かれた状態で＋が出てきます。ここを押して、カラムの中に画像や本文（段落）などを追加します。

● 図4-3-15　カラムの中身を追加する

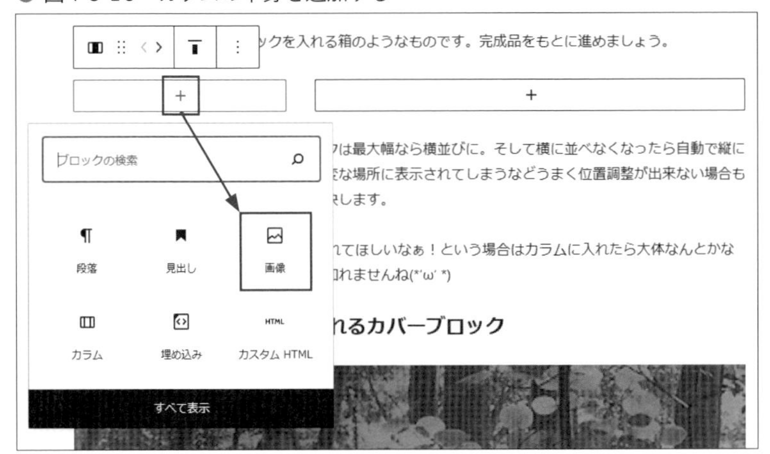

今回は左側に画像を、右側に段落を追加しました。また、カラムの箱の中で段落の位置をどうするか指定できます。

● 図4-3-16　段落の位置を上揃えや中央揃えなどから選択できる

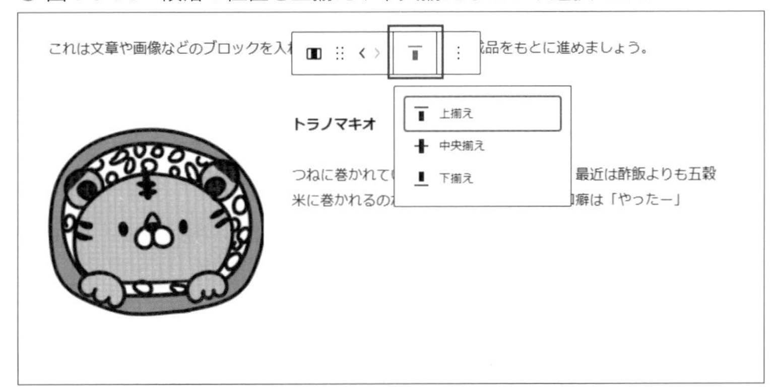

完成図のようにしたい場合は［中央揃え］を選びましょう。これで完成です！できる限り最初に指定した30/70の指定は守りつつ、画面の狭さでちゃんと並び方が変わります。

カラムを使うと、サービス紹介や商品比較などのように「縦に画像・下に説明」の配置を3つ並べることも可能です（図4-3-17）。ぜひいろいろ試してみてくださいね。

● 図4-3-17　こんな風に3つ並べたりできる

ほげほげ氷

暑い季節に最適なほげほげ氷、くまの見た目がキュートです。

庭に生えてた花

とくに書くことはありませんがきいろくてかわいい。

マイナスイオン

存在するかは知らないけどマイナスイオン出てそう

●カバーブロックでオシャレなヘッダー画像を作る

使いこなせればきっと便利なカバーブロックは、サイトの飾りつけにすごくオススメです！

ブログの記事の中で使うことは少ないとは思うのですが、記事の最後のアピール・プロフィールページなどの固定ページでの飾りつけや、余裕が出てきたらぜひとも置きたい「ウィジェット（サイトの端にオススメ記事とか置けるやつです）」なんかにも使えます。

● 図4-3-18　カバーブロックの完成図

オシャレな画像を簡単に添えれるカバーブロック

これはどちらかというと固定ページで使うことが多いブロックですが、こういうのもあるんだなって知っていると大きいと思うので頭の片隅にいれておきましょう。

印刷では分かりにくいと思いますが、実はグラデーションになっています。スクロールすると背景の画像だけスクロールされてかっこいいんです！

簡単にいうと、画像の上に色や文字を載せられるブロックで、この上にカラムを置いたりボタンを置いたりして、好きなように使えます。

● 図4-3-19　画像なしで背景色だけでも使える

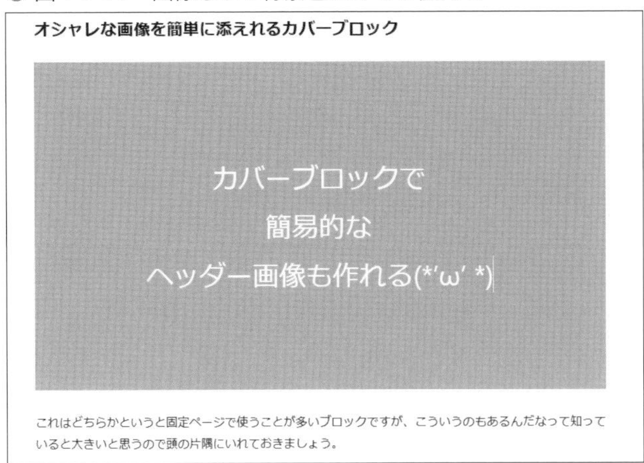

画像なしで背景色だけ入れることもできます。「ちょっと文字が多くなってしまったな」というときにも、強調したい部分に使えばかなりのアクセントになりますね。

それではカバーブロックの設定方法に入りましょう。

● 図4-3-20　カバーブロックを追加する

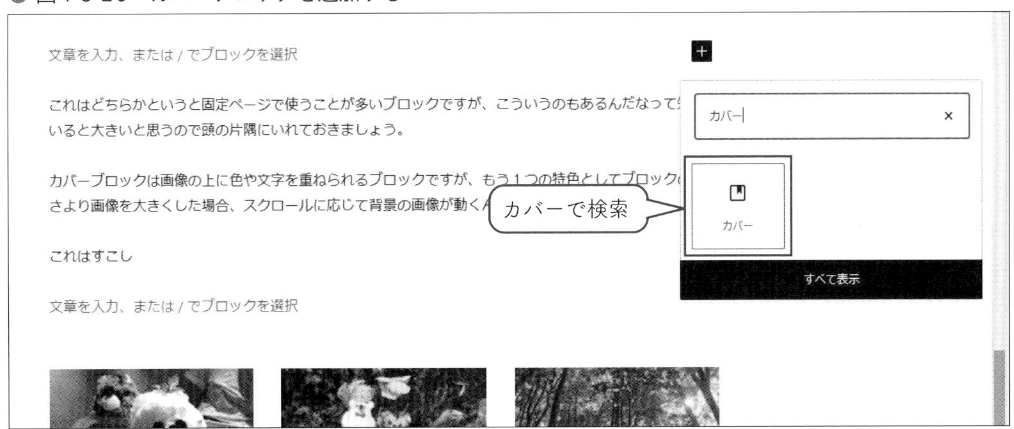

まずは、＋印で［メディア］の［カバー］をクリックします。検索画面でもカバーと入力しましょう（図4-3-20）。

● 図4-3-21　カバーブロックの設定画面

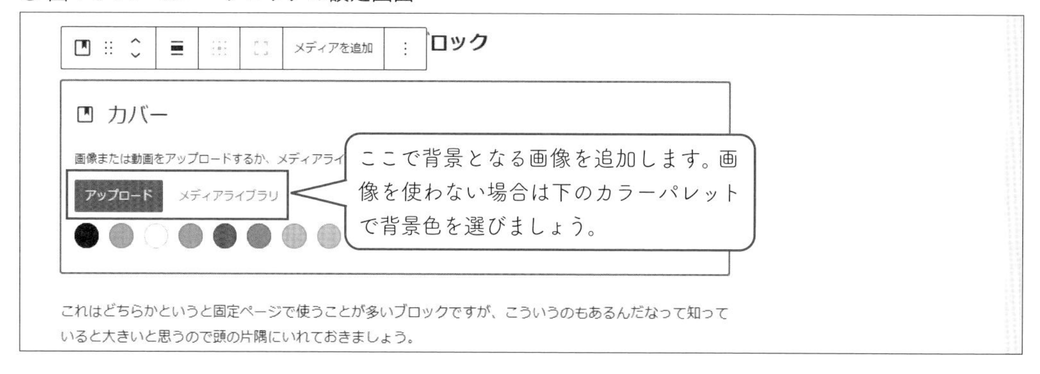

続いて上図4-3-21は設定画面です。背景となる画像をアップロードするか、メディアライブラリから選択しましょう。

次の図4-3-22はカバーブロックの細かい設定画面です。

本体上部にあるメニューはカバーブロック自体の設定で、左寄せや中央揃え、全幅や幅広を選ぶことができ、さらに文字の配置場所、フルハイトの選択ができます。

フルハイトのボタンは「画面いっぱい」に広げるというもので、ブログの記事では、あまり使いどころはないかもしれません。

続いて右側にあるメニューです。こちらの［メディア設定］は、特に設定しておきたいポイントです。

● 図4-3-22　カバーブロックの設定画面(2)

［固定背景］をオンにすると、画面をスクロールしたときに後ろの画像が止まったままで前の記事本体が動くため、背景が動いているような印象になります。この例の画像でいうと、スクロールすることにより女の子の足元から頭の上まで画像が動くイメージです。

［繰り返し背景］をオンにすると、画像の幅が足りない場合などに自動で足りるように調整してくれます。これを使うと、背景用の小さい画像でも壁紙のようにつなぎあわせて埋めてくれる機能でもあります。

また、上に重なっている色の微調整も行えます。現在は自動でおかれた黒の薄いヴェールが乗っている状態です。図4-3-23のように右側のオーバーレイ設定で、色を変更したり不透明度を変更できます。

● 図4-3-23　オーバーレイ設定

単色かグラデーションはお好みですが、［不透明度］は50〜70くらいがオススメです。上に乗っている文字が見えないと意味がないので、薄くする場合は見え方をチェックしましょう。

また、図4-3-23のように見出しを入れたり、カラムを入れてみたり、ボタンを設置したりといろんなことができます。ボタンブロックも大変便利なので、慣れてきたら使ってみましょう！

●HTMLタグを少しいじりたいときはどうしたら良いのか（おまけ）

初心者の方は全く使わないと思うのですが、何かを調べてやってみるときなどにHTMLを直接編集したいと思うことがあります。

そんなときは、編集したい箇所のブロックを選択し、メニューをクリック、そして［HTMLとして編集］をクリックします（図4-3-24）。

● 図4-3-24　HTMLを直接編集する（1）

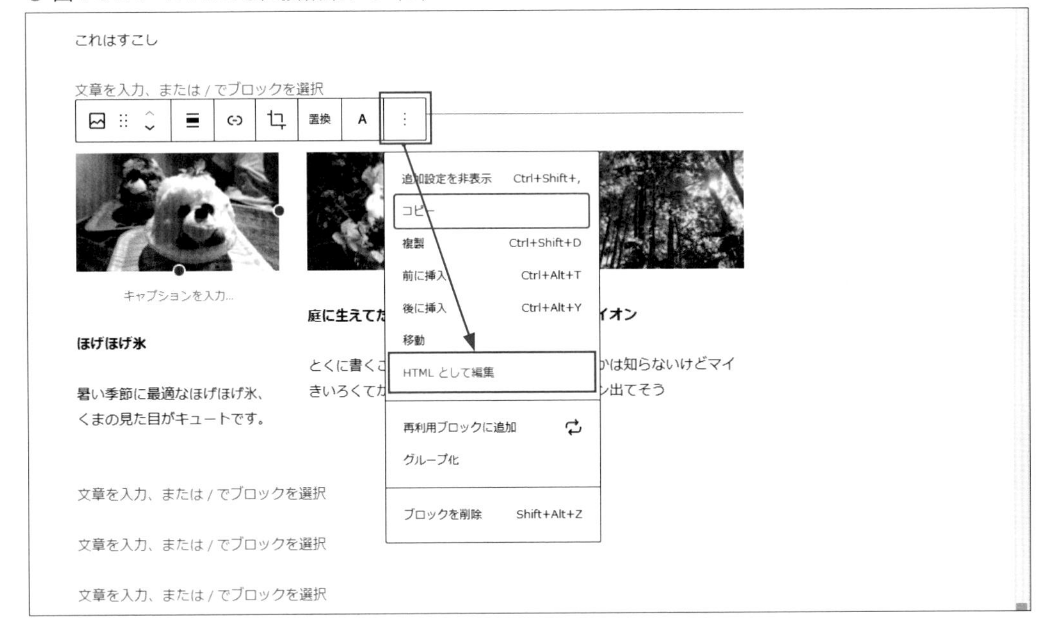

すると、図4-3-25のようにブロックのHTMLを直接編集できるようになります。修正が完了したらこのままにしても問題ありません。

● 図4-3-25　HTMLを直接編集する（2）

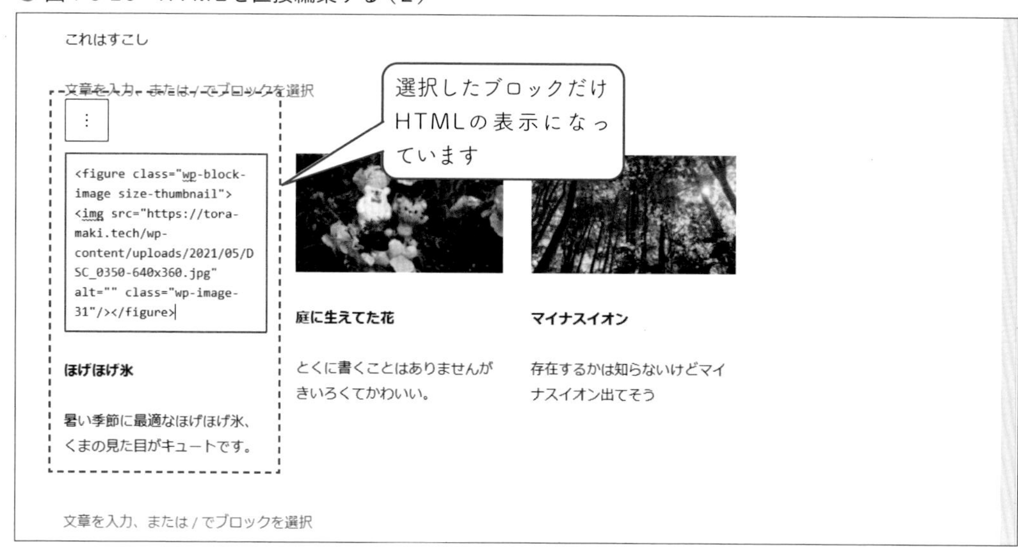

今までの目で見て分かりやすい表示に戻したい場合は、メニューを再度クリックし［ビジュアル編集］をクリックします（図4-3-26）。

● 図4-3-26　HTMLを直接編集する（3）

●プラグインでブロックを拡張することができる

ワードプレスにはまだ紹介していない機能もたくさんあり、それらを駆使するだけでもいろんな表現が可能です。

でも、自分で1から組み合わせを考えて設定をするのはとても時間がかかりますよね。そんな人のために、やはり便利なプラグインが用意されています。

例えば吹き出しでしゃべっているような表示にできる「LIQUID SPEECH BALLOON」や、広告を見栄え良く簡単に設置できる「WP Associate Post R2」は特にオススメです。余裕が出てきたら検索してみてくださいね。

Chapter

5

できる限り、ブログは毎日更新しよう！

Section 1

更新頻度が高いと、何かとメリットが多い！

●更新頻度を高くすると、どんなメリットがある？

本気でブログをやっていきたいのなら、運営が軌道に乗るまでは高い更新頻度で頑張ってみましょう。可能な限り、（文章の上手下手はひとまず置いておいて）毎日記事を書くことがオススメです。

具体的にどんなメリットがあるかというと、「検索に引っかかりやすくなること」、そして「自分の中にブログを書く習慣ができること」などがあげられます。

できあがったばかりのブログは、インターネットの検索結果で表示されることが少ないです。
でも、記事を頻繁に更新することで、徐々にGoogleやYahoo!などの検索エンジンに認識され始め、検索結果に反映されてくるようになります。

そして、それよりも重要なのが2つめの「習慣づけ」です。"ブログを書く"という行為自体が、日常のサイクルに組み込まれることが非常に重要なのです。

もちろん、毎日必ず更新するというのは、多忙な皆さんにとってなかなかハードルが高いと思います。でも、忙しいのはみんな一緒です！　少しでも早くブログのアクセスを伸ばしたい、いずれはお小遣いを稼ぎたいのであれば、最低でも3ヶ月はブログを触り続けましょう。

通勤時に文章を下書きするのも良いですし、画像を編集するのでも良いです。毎日何かしら、ブログに関係することを行うように心がけ、できる限り高い頻度でブログを更新することを目標にしてください。

とにかく、ブログは記事を公開しないと、何も始まりません。記事を公開したら、自分のブログの記事を読んでみて、自分を褒めてあげてください。

まずは、“ブログの更新が楽しい！”と思えるかどうかですからね！

なので、毎日記事の公開ができなくても、「触れていたら良し」と気を楽にしてくださいね。

●量より質の方が大事？

自分の納得のいく記事の品質を目指して、何度も読み直したり修正したりするのは、文章力の向上なども含めてすごく大事なことです。

しかし、多くの方が上手に記事を書こうと悩んでしてまって、記事をなかなか更新できません。最初から、プロライターや記者のようにサラサラ書ける人なんていないです。だからこそ、日頃の練習が大事なんです！

ところで、1つだけ注意点があります。

記事の下書きをためて、すべての記事を「これで良し！」という手応えが感じられるようにしてから、毎日1記事ずつ公開していこう！
そんなやり方は、オススメできません。

納得のいくクオリティの記事を書きためようと試みる人が多いのですが、それは止めておいた方が良いかと思います。それよりも、最初のうちは「エイヤッ」と記事をどんどん公開していき、3ヶ月経ったら昔の記事を読み直してみて、直せるところは直していく。そんなやり方の方が、絶対に良いですからね！

なぜかというと、このやり方の方が、読者寄りの新鮮な気持ちで読めて、「ココの意味が分かりにくいな」とか「こういう情報があったらもっと便利だな」みたいな気付きが生まれやすいんです。そのときに修正すれば、記事の品質も上がるし、自分の成長も実感できるしで一石二鳥！　仮に、内容を大きく変えたければ、イチから書き直してもいいんです（最初の1ヶ月目より2ヶ月目、そして2ヶ月目よりも3ヶ月目と読み直してみると、成長が見えてきますよ！）。

とはいえ、本書の読者の皆さんはまだ「どう書いて良いか分からない」という方がほとんどだと思います。
ですから、この章では記事を楽に書くためのテンプレートやプラグインを紹介していくつもりです。ぜひ、参考にしてみてくださいね。

Section 2

記事のひねり出し方と書くコツ

●記事を書くにはコツがある！

初心者の皆さんにとって最大の悩みは、おそらく「記事が思うように書けない」ということではないでしょうか。

書いてみたいと思って始めたのに、なぜか書けない。
書きたいことはたくさんあるはずなのに、いざ書こうと思うと文章にならない。

これ、ブログを始めたての頃は、大抵の人がぶつかる壁なんです。

でも大丈夫。ちょっとしたコツさえつかめば、記事を書くこと自体はそんなに苦労しなくなります。効率的に、ガンガン書けるようになりますよ！（良い内容の記事になるかどうかは、とりあえず置いておきますが）

さて、まずは次ページの図5-2-1を見てください。第3章でもお話しましたが、このような「見出しの付け方」と「記事の流れ」が、見やすい（読みやすい）記事の基本的な作りとなります。最初は、この通りになぞっていくというやり方で、記事を書くといいでしょう。凝った構成にするのは慣れてからにしてくださいね（そもそも、凝った構成にする必要もないですし）。

ブログの記事（1つの記事）は、全体で最低でも500文字、できれば800文字以上が目標です。つまり、原稿用紙2枚分ですね。

原稿用紙2枚は多いな～と思われるかもしれませんが、例えば「それ」とか「これ」のように書かず、商品名や場所の名前など正式名称を書いていったりすると、意外とすぐ埋まります。むしろ、気がつくとすぐに1000文字以上になっていたりするので、目標ボリュームについては何も心配しないで大丈夫ですからね！

● 図5-2-1 「見出しの付け方」と「記事の流れ」はこのようにする

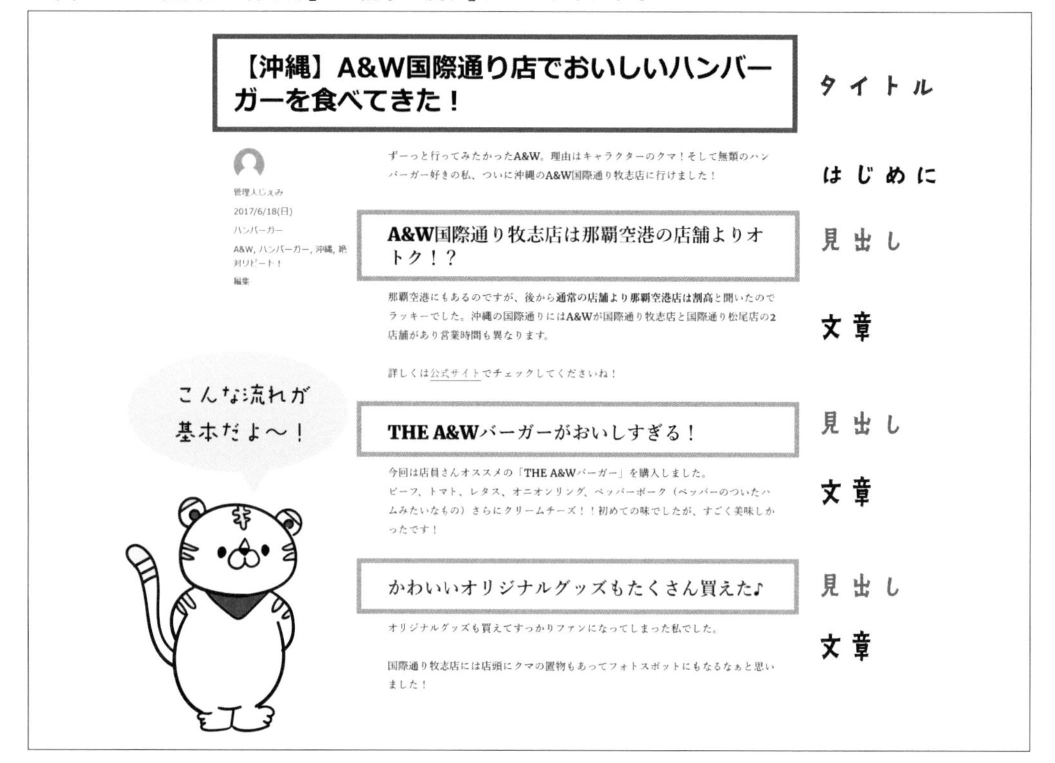

●ブログの記事の中にキーワードを入れる

「キーワード」とは、「検索するときに使う単語」のことです。

ブログ記事の中に散りばめたキーワードの中でも、重要なものはタイトルや見出しの中に入れておきます。見出しのタグは、検索エンジンからしてみると"ココが内容の要約ですよ"という位置づけとなります。もちろん、見出しの中にキーワードを入れるのは検索エンジンに伝えるためだけでなく、読者にとって見やすいものにもなるからですよ。読みやすさって、人間にもコンピューターにも大切なんです！

●「キーワードを入れる」の具体的なやり方

理屈は分かっても、「記事にキーワードを入れる」って、具体的にはどうするのかイメージが湧きにくいですよね。

というわけで、具体例を見てみましょう。次の事例は、「親子でサンリオピューロランドのイベントに参加した際のレポート」です。

●キーワードが入っていなくてもったいない例

昨日は、ピューロ前でキティちゃんとキティちゃんの彼に会えて、嬉しかったし楽しかった。姫たちも大喜びだったし、また行きたい！　なんかまたあるらしいから、みんなでまた寄ってみようね〜って計画たてたよ！

●キーワードをきちんと意識した例

昨日、サンリオピューロランドの前を通りかかったら、キティちゃんとキティちゃんの彼のダニエルくんがいて、一緒に写真を撮ってもらえて嬉しかったです！

4歳の娘もキティちゃんが大好きだから大喜びだったし、今度はピューロの中に入って遊びたいねって話していました。

どうやら、2021年○月○日は記念撮影ができるイベントだったそうで、次回は×月×日○時からあるそうです！　整理券の配布は特にないらしいので、次回も立ち寄ってみようと思います！

いかがでしょうか？

どちらも、「楽しかった！」という気持ちは伝わってくるのですが、1つ目は単なる日記でしかありません。

では、キーワードに色を付けて比較してみましょう。

●キーワードが入っていなくてもったいない例

「昨日は、ピューロ前でキティちゃんとキティちゃんの彼に会えて、嬉しかったし楽しかった。姫たちも大喜びだったし、また行きたい！　なんかまたあるらしいから、みんなでまた寄ってみようね〜って計画たてたよ！

もったいない例では、このようにキーワードらしいものは3つでした。

では、キーワードを意識した例だと、どれくらいあるのでしょうか？

次ページで確認してみましょう。

●キーワードをきちんと意識した例

「昨日、サンリオピューロランドの前を通りかかったら、キティちゃんとキティちゃんの彼のダニエルくんがいて、一緒に写真を撮ってもらえて嬉しかったです！

4歳の娘もキティちゃんが大好きだから大喜びだったし、今度はピューロの中に入って遊びたいねって話してました。

どうやら、2021年○月○日は記念撮影ができるイベントだったそうで、次回は×月×日○時からあるそうです！　整理券の配布は特にないらしいので、次回も立ち寄ってみようと思います！」

一部重複していますが、一気に増えましたよね！

両者を見比べてみると、できるだけ曖昧な言葉を使わずに正式なスポット名など情報を追加しただけで、文章量が増えています。かなり「読みやすく具体的に」なったと思いませんか？

ちなみに、文字数は1つ目の例が90文字ちょっとで、キーワードを意識した例の方は200文字を越えています。

例えば、なぜ「姫」という表現を「4歳の娘」に変えたかというと、その方が「子供の喜びそうなイベントや観光スポットはないか、と検索する保護者世代」に役立つからです。また、場所や日時をきちんと書くことで、「あのイベントは何だったんだろう？」と検索した人に役立ちます。

このような「体験した人だけが書ける内容」は、大きな強みとなります。技術系でもなんでも、同じことがいえますね。

こうなると、ブログ記事が「単なる日記」から「レポート」に進化し、読者にとってもより役に立つ内容になるんです。日常のでき事を書き綴った日記が「人の役に立つ」なんて、嬉しいと思いませんか？

そのためにも、検索する人が使いそうなキーワードを散りばめておくと、探している人が読みたい情報にたどり着きやすくなります！

とはいえ、キーワードを連呼しすぎるのも良くないので、慣れるまでは自分で声を出して読んでみて、違和感があるかどうかを判断基準にしましょう。しつこいなと感じたら、キーワードの入れ過ぎです。自分が書きたいことを書くためのブログですが、その内容をちょっぴり、読みたい人の気持ちを考えた言葉に言い換えるようにしてくださいね。

●仮のタイトルと見出しを考えて内容を決める

記事をいきなり書き始めるよりも、まずはタイトルと見出しを先に考えた方がやりやすいです。先に骨組みを作り、そこに肉付けしていった方が、話がズレにくくまとめやすくなるのです。自分の書きたいブログ記事の内容の要約から、検索する人が使いそうなキーワードをチョイスして組み合わせるのが、最初のステップなのです。

タイトルは、記事の構造から考えると1番大事なものです。読者があなたのブログで最初に目にする場所は、記事タイトルですよね。だから、気合いを入れて考えましょう！

ただ、実際に書いてみると「あれ？ タイトルの内容が記事の内容と少し違うな？」ということがよくあります。ですから最後にもう1度、本当にこのタイトルで良いのかをチェックするようにしてくださいね。

例えば、「ボクが○○をやめた５つの理由」という記事タイトルなのに、本文内に理由が4つしかなかったら、すごく恥ずかしいですよね（この手の凡ミス、書店で売る本の原稿でも、よくあるそうです）。

ところで、次の2つの記事タイトルだったら、どちらの方が興味をそそられますか？

「今日のランチおいしかった～」
「新宿西口でワンコインのランチ発見！おいしいうどんならココ！」

前述のキーワードの話と同様に考えてみると、後者のタイトルなら新宿あたりで勤務している人、ワンコインランチを探している人、うどん好きな人が“見てみようかな”って思ってくれるでしょう。

良い記事タイトルは、一朝一夕で生まれることはありません。1度やって良いタイトルが考えられなくてもすぐあきらめたりせず、そのまま続けてみてくださいね。

●記事の内容がどうしても思いつかないときのための王道パターン

いくら「好きなことを書く」といっても、ブログ記事には「王道の内容や写真」がある程度決まっています。

次ページの図5-2-2を見てください。1つの例として、「食べたものを紹介する」というテーマの記事を書く場合の王道パターンをまとめてみました。そして、図5-2-3。こちらは、「買ったものを紹介する」というテーマの記事の王道パターンです。

こういった王道パターンに沿った形で、でも実際に書く内容は「自分が体験したこと」であれば、あなたのオリジナル記事になるわけです！

● 図5-2-2 「食べたものを紹介したい！」ときの王道パターン

•商品の概要 （商品名・販売期間・カロリーなど） •入手方法や価格 •外観 •商品の説明と味の感想 •また食べたいかどうか、などのまとめ	<あると便利な写真> •全体図 •アップした図 •断面図 •外食なら店舗の外装や内装、看板など •サイドメニューや周りなど雰囲気を伝える

● 図5-2-3 「買ったものを紹介したい！」ときの王道パターン

・購入動機 ・商品概要 ・使うと生活がどう便利になるのか ・買う前に疑問だったことをチェックして紹介 ・買ってから気付いた便利機能など ・メリットデメリットまとめ ・買って良かったかどうか	<あると便利な写真> ・外装 ・全体図 ・構造などが分かるアップ ・質感の分かるもの ・使用しているイメージ図

●どうしても文字数を増やしたいときは？

1つ目のポイントは、「初めて読んだ人が分かる文章かどうか」を意識することです。

前提条件を何もなく読んでいる人も当然いるので、例えば、「新作スイーツ買ってきた」より、「○月○日、発売したばかりの○○の新作スイーツを買ってきた」と書いた方が親切ですよね。これは続き物を書くときも同様で、「昨日の続きですが～」ではなく、「○○の記事の続きです」と書いて、さらに前の記事へのリンクも貼ってあげると良いでしょう。もちろん、文字数も大幅に増えますよ！

もう1つ、「一問一答みたいになっていないか」という点も重要です。

例えば、「おいしかった？　→　おいしかったです！」で食べたくなる人なんて、いないですよね。でも、「おいしかった？　→　うん、○○の部分が△△ですごく良かったし、香りも□□でメチャメチャおいしかった！」みたいに具体的に書いてあると、食べてみたいなという気持ちになる人もたくさんいるでしょう。文字数的なメリットだけではないですよね。

●どうしても記事のネタがないときは？

あなたが繰り返し購入しているもの、ずーっと愛用しているものを、まずは紹介してみましょう。毎日飲む缶コーヒー、毎日使っているペン、なんでもいいのです。なぜ、あなたがそれを買ってしまうのかについて、熱く語ってみてください。

あなたの好きなモノ・コトであれば、あなた自身がその商品や場所の良さを分かっている一番のユーザーです。その熱い想いを文章に変えれば、共感してくれる読者は必ずいます。

比較記事を書く場合は、「どちらかを下げる」のではなく、「どちらかを上げる」文体で書く方が良いです。あなたが下げた方を大好きに思っている人もいますし、製造している人もいますから、個人の好みで断定的に否定する記事を書いてしまうと、傷つく人だっていることを認識しておきましょう。

また、クレーム対応でもよくありますが、「○○はできますが、△△はできません」と書くよりも、「△△はできないのですが、○○ができるんです！」と書いた方が、印象がすごく良くなりますよね。**言っている内容は全く同じですが、ポジティブな内容をお尻に持ってくることで印象は大きく変わるのです！**

なんらかの形で仕事や収入につなげたいと思っているブログであればなおさら、販売している側の気持ちを考えるのは重要です。欠陥を発見して糾弾しているブログと、その欠陥を工夫で直していたり、欠陥は認めつつも「ココが好きだ」と愛用している人のブログ、どちらの書き手さんにお仕事を頼みたいか、どちらの人のブログから商品を買いたいか、見え方も考えつつ題材を選んで書いていきましょう。

嘘を書く必要は全くないですよ。

文章の着地点をどうするかだけで、読後感は変わるものなのです！

はじめての
ブログを
ワードプレス
WordPressで
作るための本
WordPress5.X対応
[第3版]
BLOG

Chapter

6

ブログの見た目を変えてみよう！

Section 1 ブログの更新に慣れてきたら、見た目の強化を検討する

●見た目が変わるとモチベーションも上がる！

お気に入りの見た目になっていたり、使いたい機能が盛り込まれているとブログを更新するモチベーションがアップします。好みの画像や色合いにしていきましょう。

この章では「無料版Nishiki」の設定項目、プロフィール画像の設定、そしてSection3では「NishikiPro版」と、もう1つのオススメテーマ「yStandard」を紹介します。

▼ 画像について

アイコンやロゴなどブログに使う画像は、写真やイラストなど自作のものがベストです。しかし、思いつかない場合はフリー素材を使うのも1つの手！以下のサイトは、それぞれ商用利用も可能な素材サイトです。こういった素材を使う場合は、「商用利用可」で「アイコンやロゴに使っていい」かどうか、規約をチェックしてから使いましょうね。

なぜ「商用利用可」をオススメするかというと、将来的に広告を表示した場合、「商用利用」と判断されることがあります。商用利用可で個人利用不可ということはありませんので、商用利用可の素材を選べば安心だからです！

イラストの素材

・ICOOON MONO(https://icooon-mono.com/)
・ぴよたそ(https://hiyokoyarou.com/)
・いらすとや(https://www.irasutoya.com/)

真素材

・ぱくたそ(https://www.pakutaso.com/)
・GIRLY DROP(https://girlydrop.com/)
・Unsplash(https://unsplash.com/)

※最後は英語のサイトですが執筆時点では商用利用可で、クレジット表記も不要です。ただしUnsplashに関しては「様々なフォトグラファーが参加しているため、クレジット表記をしてあげると嬉しいだろう」との記載があります。

▼ サイトのテーマカラーを決めておく

色によってかなり雰囲気が変わるので、サイトのテーマカラーは最初に決めておくのをオススメします。ゴチャゴチャも回避できますし、画像や名刺など、どこかで色を使うときの時間短縮にもなります。

テーマカラーを決めるときは、カラースキームと呼ばれる配色パターンまで考えておくと便利です。こういう言い方をすると難しく感じますが、このブログはこの色！というものを2 ～3種類用意しておこうというお話です。
大きいサイズで使えるメインのカラー、サブ的に使うカラー、アクセントのカラーみたいに数色あれば、それだけでどんな配色も対応できるので便利ですよね！

●テーマのカスタマイザーを開く

ダッシュボードの［外観］→［カスタマイズ］を開きます。

ログイン中でブログのページを開いているときは、図6-1-1のように上部の［カスタマイズ］をクリックすると同じくテーマのカスタマイザーが開けます。

● 図6-1-1　テーマのカスタマイザーを開く

●Nishikiの設定項目の説明

ここから先は、Nishikiのテーマカスタマイザーの説明です。それぞれお好みの箇所を自由に設定してください。

テーマによってカスタマイザーの項目の内容が違いますが、公開するまでは読者に見えていませんので、試しながら設定していくのも良いでしょう。

●サイト基本情報

● 図6-1-2　サイト基本情報

ブログのロゴやアイコンを設定できます。

ロゴを設定する場合、推奨サイズは240×80ですが、サイズが若干違っても良い感じに配置してくれます。それでは実際にロゴを設定します。

◎ロゴの設定

［ロゴを選択］をクリックします（図6-1-3）。

● 図6-1-3　ロゴの設定（1）

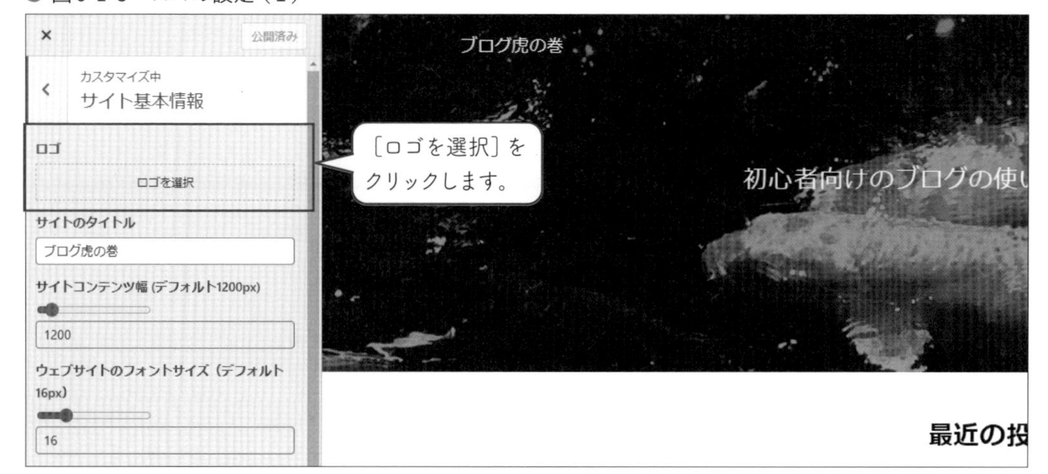

図6-1-4に画像の選択画面が表示されます。中に入っていれば画像をクリックして選択し、新たにアップロードする場合は［ファイルをアップロード］タブに切り替えて画像をアップロードし、［選択］をクリックします。

● 図6-1-4　ロゴの設定（2）

図6-1-5のように枠を使ってトリミングして使うこともできます。今回は幅を240ピクセルに合わせてあるため、[切り抜かない] をクリックしてそのまま使用します。

● 図6-1-5ロゴの設定（3）

これでロゴが設定できました（図6-1-6）。

現時点では黒い文字が見えなくなっていますが、色の調整をすれば問題ないのでこのまま進みます。

● 図6-1-6　ロゴの設定（4）

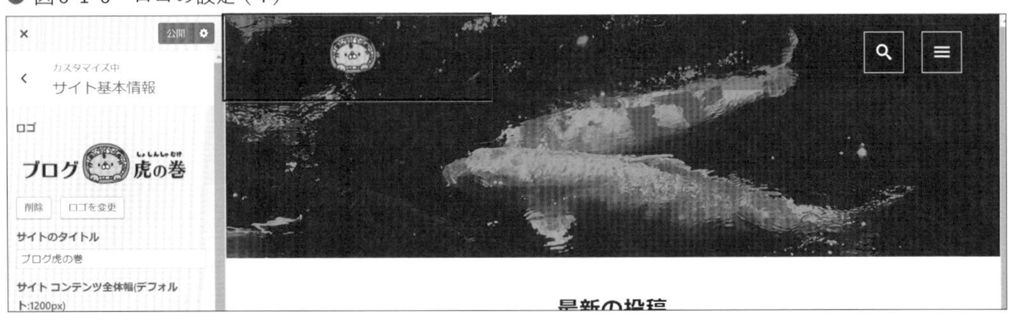

◎サイトアイコンと全体のフォントの色設定

サイトアイコンはスマートフォンでホームにブックマークを追加したり、ブラウザのアイコンに使われます。512×512が推奨のサイズです。設定したい場合は、ロゴのアップロードと同じように設定します。

続いて全体のフォントなどカラーの色設定です（図6-1-7）。

● 図6-1-7　フォントの設定

メインテキストカラー：本文やタイトルなどメインコンテンツの色
サブテキストカラー：関連コンテンツのタイトルなどメインコンテンツ外の表示に使われます
メインカラー：リンクの色などに使われます
サブカラー：リンクにマウスカーソルをあてたときなどに使われます

▼「文字色を黒にしたい」という場合は、“黒すぎる”色に注意！

> 黒は本来、「#000000」がRGBカラーコードですが、発光しているディスプレイの白地背景に真っ黒な色を使うと、「コントラストが強すぎて、目立つけど目が痛い」ということになりがちです。
>
> ブログやオンラインショッピングの場合は文字をたくさん読んでもらうので、長時間見ることが多いです。有名サイトも、タイトルにだけ#000000の真っ黒を使って、本文の色は少しグレー状に薄めたりしています。
>
> そんなわけで、「#222222」～「#333333」くらいの値がちょうど良いと思います。このプレビュー画面のままページの移動ができますから、本文などを読んでみてバランスを取りましょう。

●トップページ

ブログのトップページの設定です。メインビジュアル・最新の投稿・ホームページ設定の3カテゴリーがあります。

コーポレートサイトなどでブログのトップページを固定したい場合は［ホームページ設定］を最新の投稿から固定ページに変更します。今回はそのままで良いでしょう。

さて、メインビジュアルは第2章で少し触れましたが、主にブログトップの見た目に関する設定です。

◎［メインビジュアル］→［ヘッダー画像］

ブログの顔となる一番大きな画像を変更してみましょう。図6-1-8の［新規画像を追加］をクリックします。

● 図6-1-8　ヘッダー画像を変更する（1）

すると、ロゴ設定でも出てきた画面が表示されます。同じように画像を選ぶかアップロードし［選択して切り抜く］をクリックします（図6-1-9）。

● 図6-1-9　ヘッダー画像を変更する（2）

使う範囲を選択して［画像切り抜き］をクリックします（次ページの図6-1-10）。

● 図6-1-10　ヘッダー画像を変更する（3）

同じような手順で複数枚画像をアップロードして設定すると、ランダム表示することも可能です。図6-1-11の［アップロード済みヘッダーをランダム表示］をクリックするだけで設定できます。

● 図6-1-11　ヘッダー画像をランダム表示にする

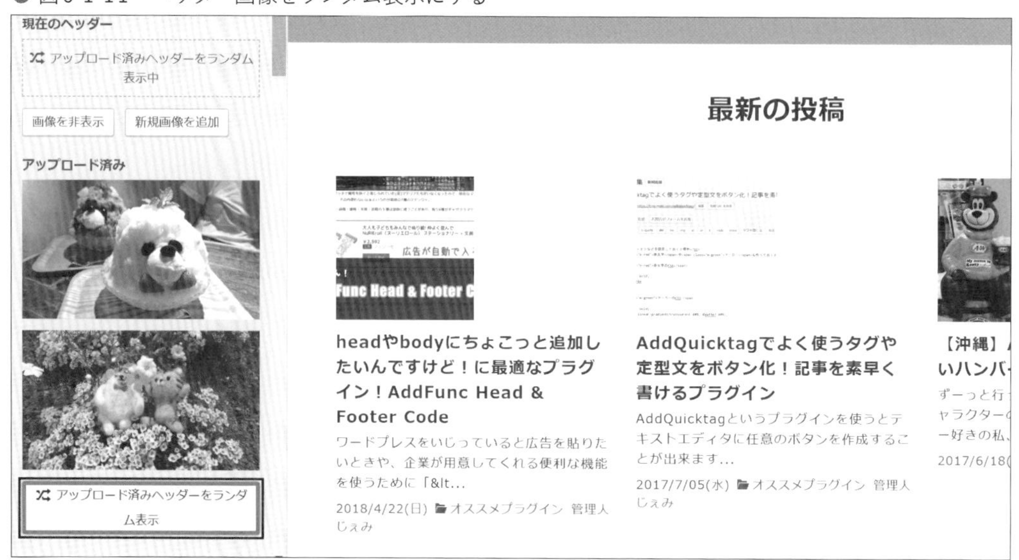

◎プレースホルダーについて

ヘッダーを読み込むのに時間がかかる場合、それまでの間に一旦表示するためのものです。

◎画像の上に重ねるカラー

これは第2章で削除したボタンを配置するときなどに重宝するのですが、上に文字を載せる場合、フルカラーではっきりした色の写真の上にそのまま文字を載せると見えづらいことが多々あります。

そういった場合に、薄い黒や白を重ねることで文字が見やすくなるのですが、画像の加工をせずにテーマ側が表示で調整してくれる機能です。

◎キャッチフレーズ・サブテキスト・ボタンテキスト

第2章で設定を解除しましたが、プロフィールを開いて欲しいなど、特定のページをアピールしたいときに使うと便利です。

◎［トップページ］→［最新の投稿］

ブログトップの「最新の投稿」というテキストはここで変更が可能です。図6-1-12のようにサブテキストに変えたり、固定したページに付く目印の色を変更することができます。

● 図6-1-12 「最新の投稿」を変更する

これらのブログ更新履歴を表示したくないときは、[最新の投稿] のチェックボックスをオフにすると出力されません。間違って消さないようご注意くださいね。

●投稿

右側のプレビュー画面でブログ記事をクリックすると投稿ページが表示されますので、実際に見ながら設定を調整できます。

● 図6-1-13　投稿ページの設定画面

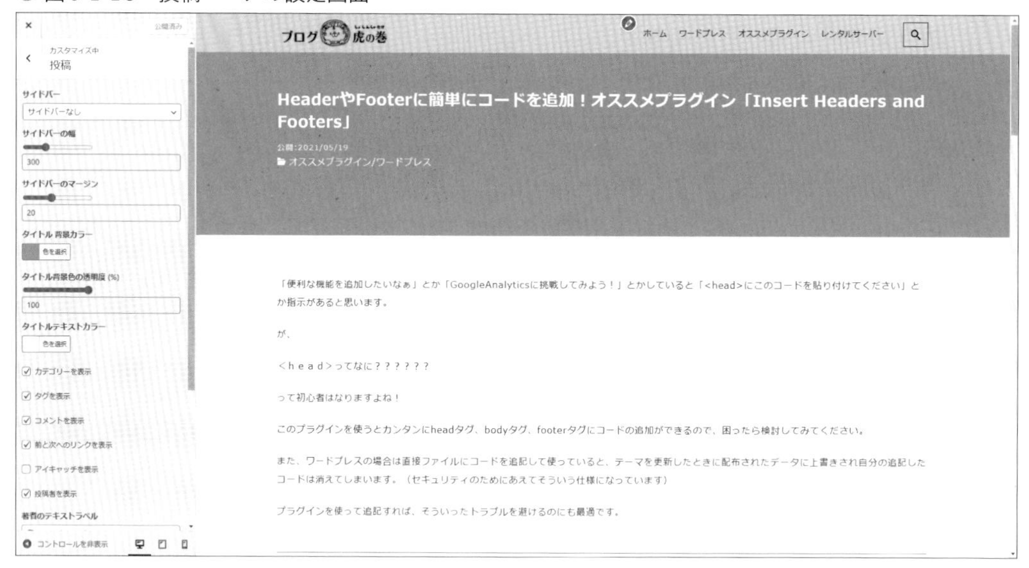

◎サイドバー

サイドバーを表示するかどうかが選べます。サイドバーは記事のランキングを置いたり、広告を貼ったりすることでアクセスアップや収益アップを狙えます。

逆にコーポレートサイトやポートフォリオでは、広告などを排除してコンテンツだけに集中してもらうデザインも良いですね。

◎タイトル背景カラー・テキストカラー

元の設定はブラックですが、私は明るい印象にしたかったので、アクセントカラーのグリーンにしました（図6-1-14）。

色に迷った場合でも、コントラストの差をつけることを意識しておくと、モノクロになっても文字が見やすくなります。

なお、タイトル背景カラーの透明度は100%になると不透明になります。透明度を30〜70%にして、[アイキャッチを表示] にチェックを入れるとうっすら表示されてオシャレです。

● 図6-1-14　タイトルに関する設定

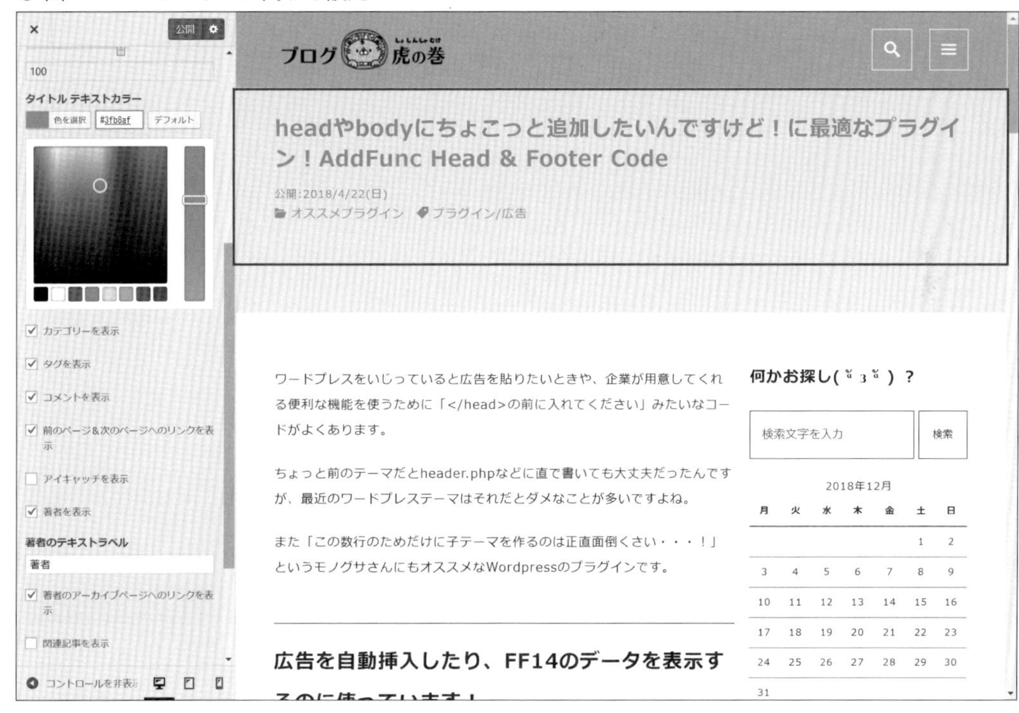

◎著者

書いた人のプロフィールを載せることができます。有償のPro版では、SNSのリンクやAmazonの欲しいものリストへのリンクも貼れます。

のちほど、ユーザー画像のアイコン表示方法も解説しますので、ひとまず「著者を表示」のままにしておきましょう。

◎関連記事を表示

こちらはNishikiの機能による関連表示です。のちほどJetpackの関連記事表示を設定しますが、お好みで使いましょう。

●固定ページとアーカイブページ

固定ページの設定は投稿ページにとても似ていますので割愛します。固定ページは自己紹介やお問合わせフォームを作ることが多いと思いますので、ページの意味や内容に合わせてサイドバー非表示など設定をしてみてくださいね。

アーカイブページは、トップページやカテゴリーなど記事の一覧に関する表示の設定です。投稿日時や著者名を表示するのか、抜粋を表示するのか、何文字にするか、など細かく設定ができます（図6-1-15）。

ちなみに抜粋というのは、タイトルの下に本文から最初の○文字までを抜粋して表示してくれる機能です。毎回最初に同じ挨拶をしたいなら、抜粋はない方が良いかもしれません。

このあたりは、記事を書きためてから調整するとバランスが取りやすいと思います！

● 図6-1-15　アーカイブページの設定

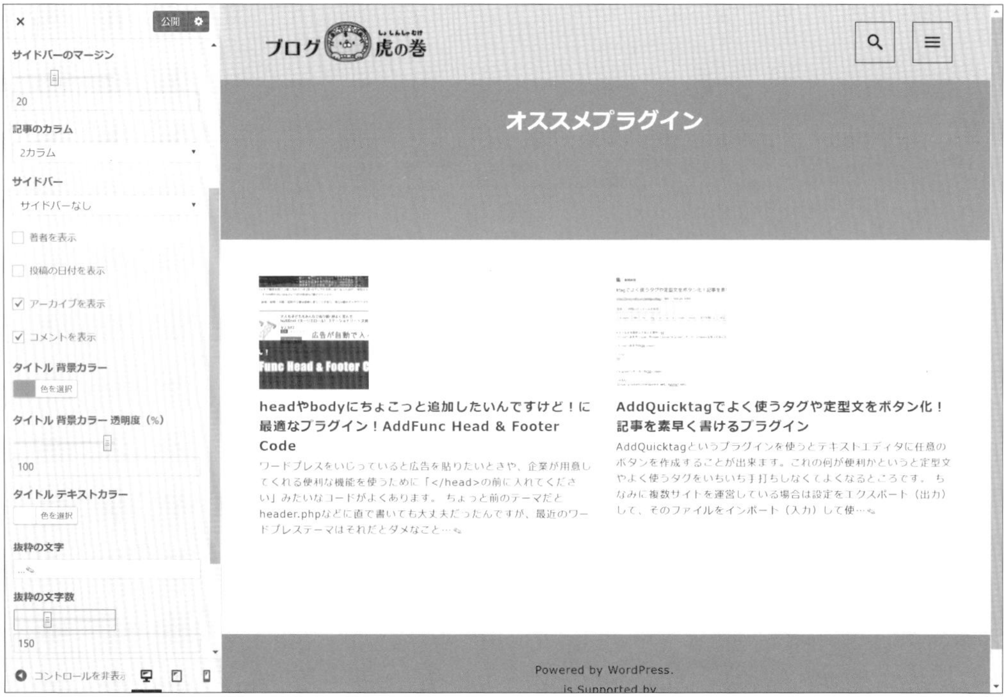

●ヘッダー

198ページでロゴの文字がよく見えていなかった点については、ここで設定を変更すると見やすくなります。

◎背景カラー

基本の色です。好きな色に設定します。

◎検索ボタンを表示

便利なので表示しておきましょう。

◎ヘッダーを固定する

Nishikiでは、基本の設定でブログのタイトルバー（ヘッダー）がスクロールしても常に上部に表示されていて、検索バーやメニューにアクセスしやすくなっています。これをオフにするとヘッダーは背景カラーの色になり、スクロールについてこなくなります。

◎ヘッダーの色を固定する

初期の設定ではダークになっています。ロゴの文字の色によって色を変更しましょう。

私はロゴが黒い文字なのでライト（明）に変えました。スクロールして止めるとライトでもダークでも止まった場所で背景カラーの色が表示されます。オシャレで気に入っているポイントです！

◎PC表示のときにメニューテキストを表示する

後で出てくる「メニュー」をボタンの中に配置するかヘッダーに並べるか選べます。

●フッター

ページ下部の設定です。色だけでなくボタンが配置できるので、よく見て欲しいページや自分のSNSへのリンクなどを貼ることも可能です。

図6-1-16が参考の画面ですが、今回はボタン不要なので中身を消しました。コピーライトの表示もここで行えます。

● 図6-1-16　フッターの設定画面

●メニュー

続いてはメニューの設定です。図6-1-17を見てください。メニューは右上のメニューボタンをクリックすると表示されます。メニューが開かれた状態は図6-1-18です。

アクセスがしやすい場所なので、自己紹介や問い合わせフォーム、カテゴリーなどを追加すると読者にとって便利になると思います。

PCで見た場合にメニューを常に表示させるには、[ヘッダー] で設定しましょう。

● 図6-1-17　メニューの設定画面

● 図6-1-18　メニューが開かれた図

初めてメニューを作るときは［メニューを新規作成］をクリックします（図6-1-18）。

続いてメニュー名を決めます。これはどこかに表示されるのではなく、自分でメニューを複数作った際に判別するためのものなので、分かりやすい名前にしましょう（図6-1-19）。

メニュー名を決めたら［次へ］をクリックします。

● 図6-1-19　メニュー名を決める

すると、右側にリンクを追加するためのサブメニューが出てきます（図6-1-20）。

クリックしていくと左側に追加されていき、並べ替えも可能です。カスタムリンクは、別の自分のブログへリンクを貼るときなどに便利です。

● 図6-1-20　メニューを追加する

完成したら［公開］をクリックします（図6-1-21）。

● 図6-1-21　公開をクリックする

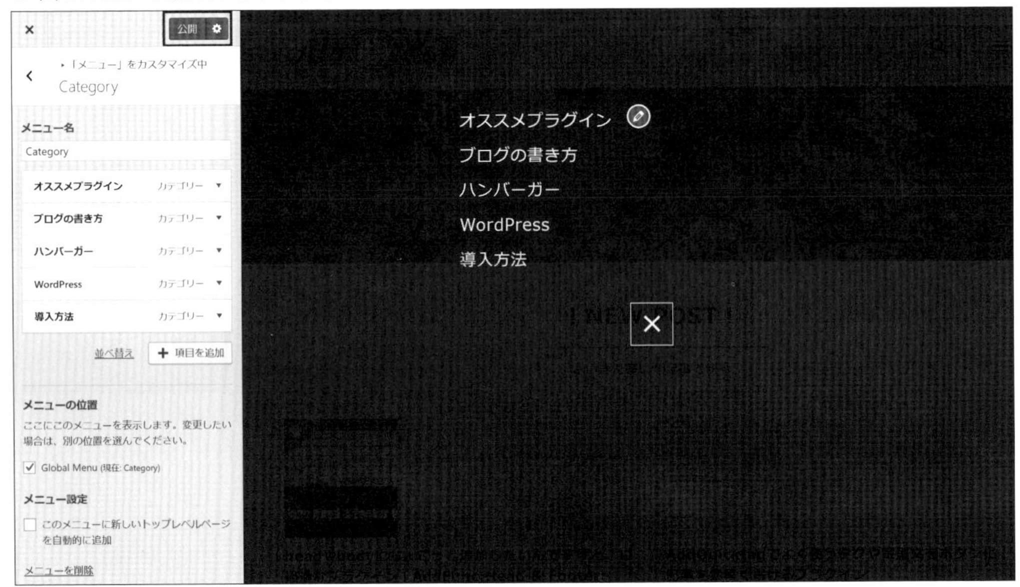

Section 2

プロフィール画像を設定する

●ブログ個別のプロフィール画像を設定する

ワードプレスでは基本的に、「Gravatar」というサイトのアカウントシステムを使ってプロフィール画像を表示させます。ですが、ブログを複数運営したい場合など含め、単にプロフィール画像を表示したいだけなんだけどな…という方も多いようです。

その場合は、プラグインを使うと簡単にブログごとに自分のプロフィール（アバター）画像を表示できます。

図6-2-1は完成画像です。著者と書いてある部分は、6-1で紹介しているNishikiのテーマカスタマイザーで変更できます。

● 図6-2-1　プロフィール画像を設定した完成図

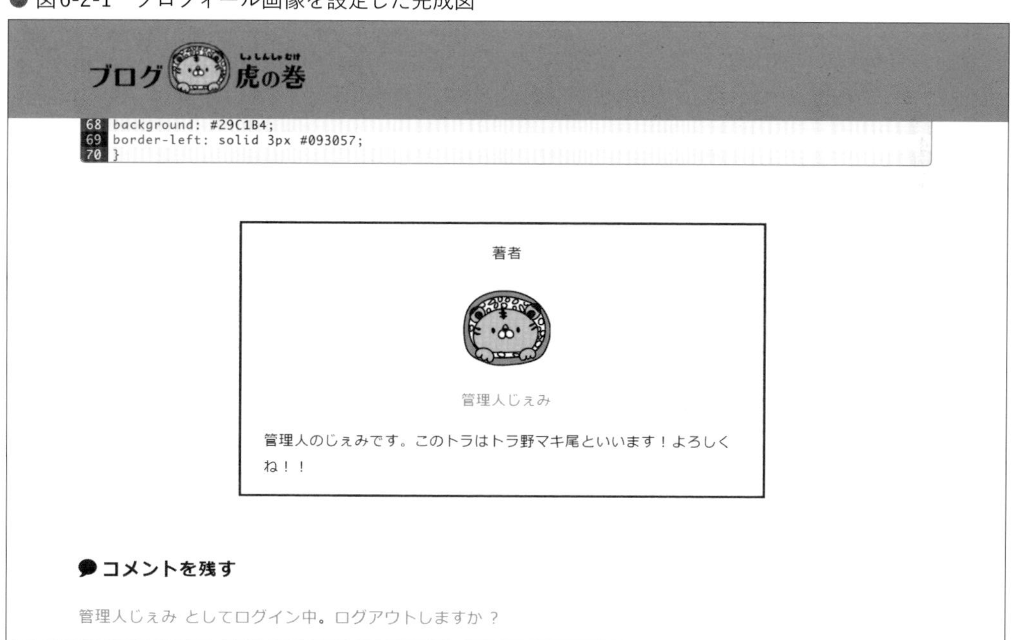

1 2 3 4 5 6 7 おまけ

それでは、設定するためにプラグインをインストールしましょう。図6-2-2のようにプラグインの新規追加で「Simple Local Avatars」を検索し、インストールします。

その後有効化も忘れずにしましょう！

●図6-2-2　Simple Local Avatarsをインストールする

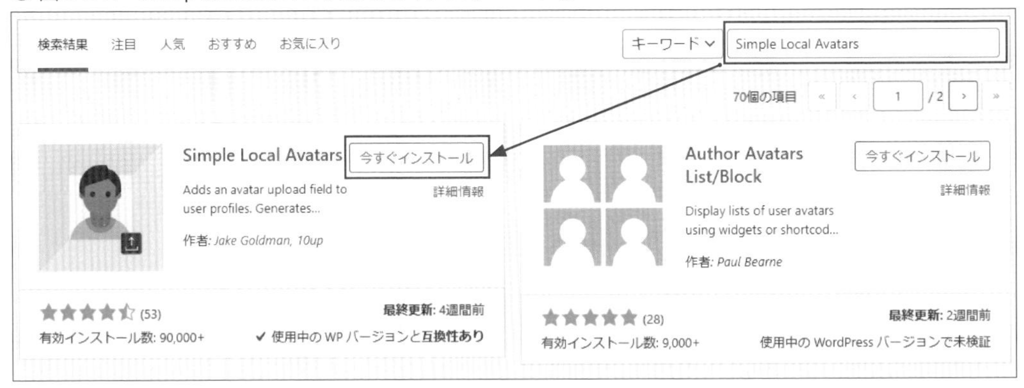

すると、図6-2-3のようにユーザーの「プロフィール」の下の方に項目が増えています。

●図6-2-3　Simple Local Avatarsによって項目が追加されている

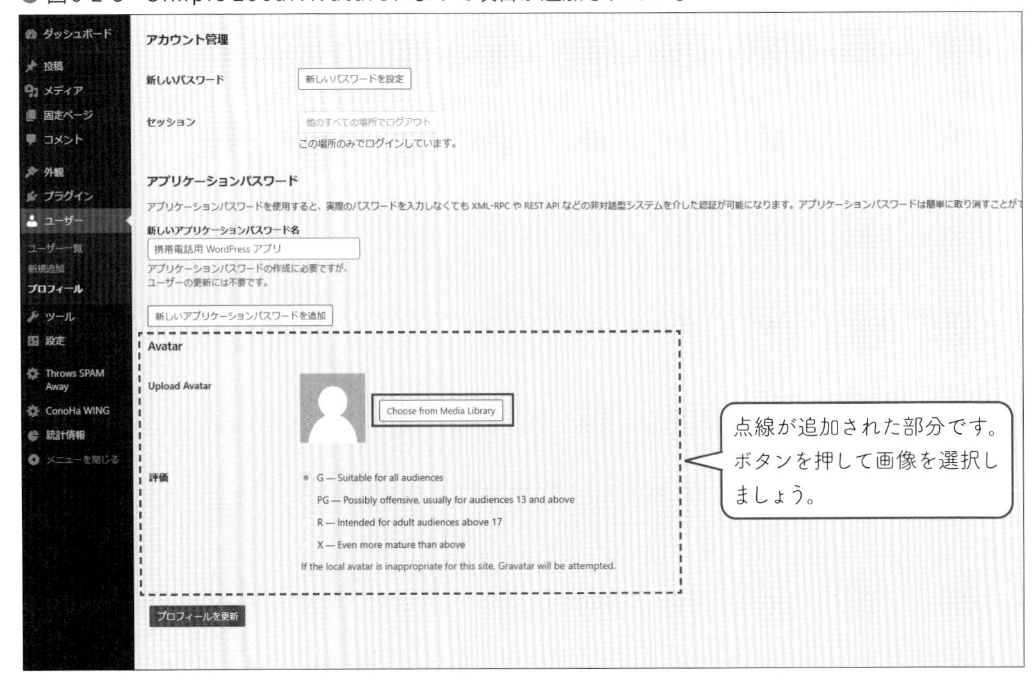

アイコンの横にある［Choose from Media Library］をクリックすると、おなじみの画像選択するメディアライブラリが開くので、プロフィールにしたい画像を選択します（正方形がオススメです）。

図6-2-4のように選択された画像がプレビューできますので、問題なければ［プロフィールを更新］をクリックしましょう。

● 図6-2-4　画像が設定できた状態

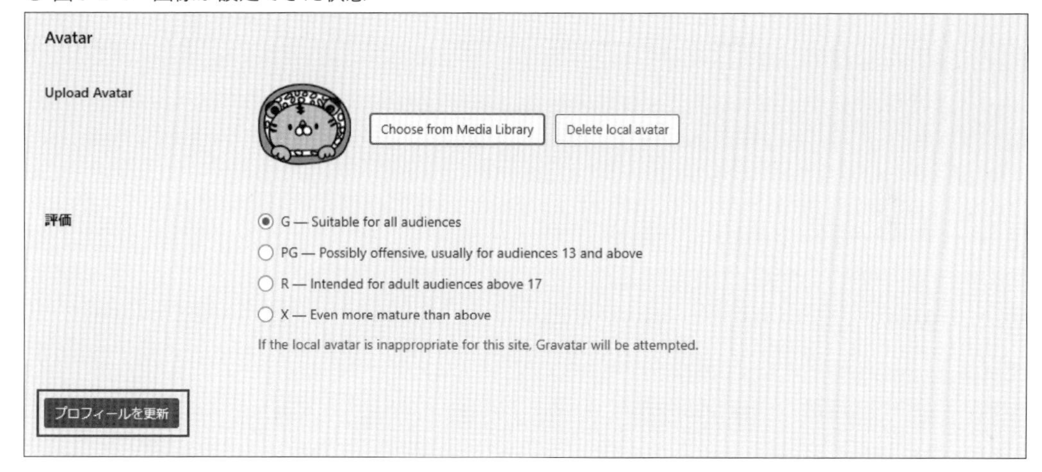

これで完成です！プロフィールアイコンを設定しておくと、デフォルトのアイコンよりも親しみがわきやすいので、ぜひ設定してみてくださいね。

Section 3 機能が充実した有料版テーマで楽をするのも1つの手！

●初心者だからこそ有料版を使うのも賢い選択の1つ！

ワードプレスは無料で使えるソフトウェアではあるのですが、やはりパソコン初心者が思い通りのデザインにするのには、かなりお勉強が必要なのも事実です。

いろんなプラグインを駆使して理想に近づけることは、もちろん誰にでも可能です！

ただ、1つしかブログを作らず「時間はないけど金銭的には余裕がある」という方は、有料版のテーマも視野に入れた方が結果として近道になるでしょう。

▼ メリットはやはり困ったときの相談先ができること！

日本人の有料版テーマの製作者は、多くの場合Web製作のお仕事をしている方なので、別途サポートプランが用意されていることがほとんどです。

例えば今回紹介しているNishikiでは、「Discord」というチャットや通話ができるアプリを使ったユーザーコミュニティがあって、Nishiki Proを利用しているユーザーがチャットできる仕組みがあります。

さらに、平日の日中開催ではありますが、無料のZoomを使った勉強会もあります。さらに本当に困ってしまった場合（一般的な悩みではない場合）、お仕事としてカスタマイズの相談ができます。

また、後半で紹介しているもう1つのオススメワードプレステーマ「yStandard」でも、有償プラグインを購入すると参加できるユーザーコミュニティにて、作者さんに直接質問や相談できる場が設けられています。

本をここまで読んでみて「自分でもできそうだ！」と思った方は、きっとその後も一緒にいろんな情報を吸収していけると思うのですが、「こんなにいろいろやらなくちゃいけないの！？面倒くさい！！」という方は、有料のテーマにしてしまえば一気にいろんなことがショートカットされ、ブログを書くのに注力しやすいかもしれませんね♪

まずはNishiki Proに変えると何が変わるのか、私のブログを紹介しますね。図6-3-1を見てください。

● 図6-3-1　Nishiki Proで製作したブログのトップページ例

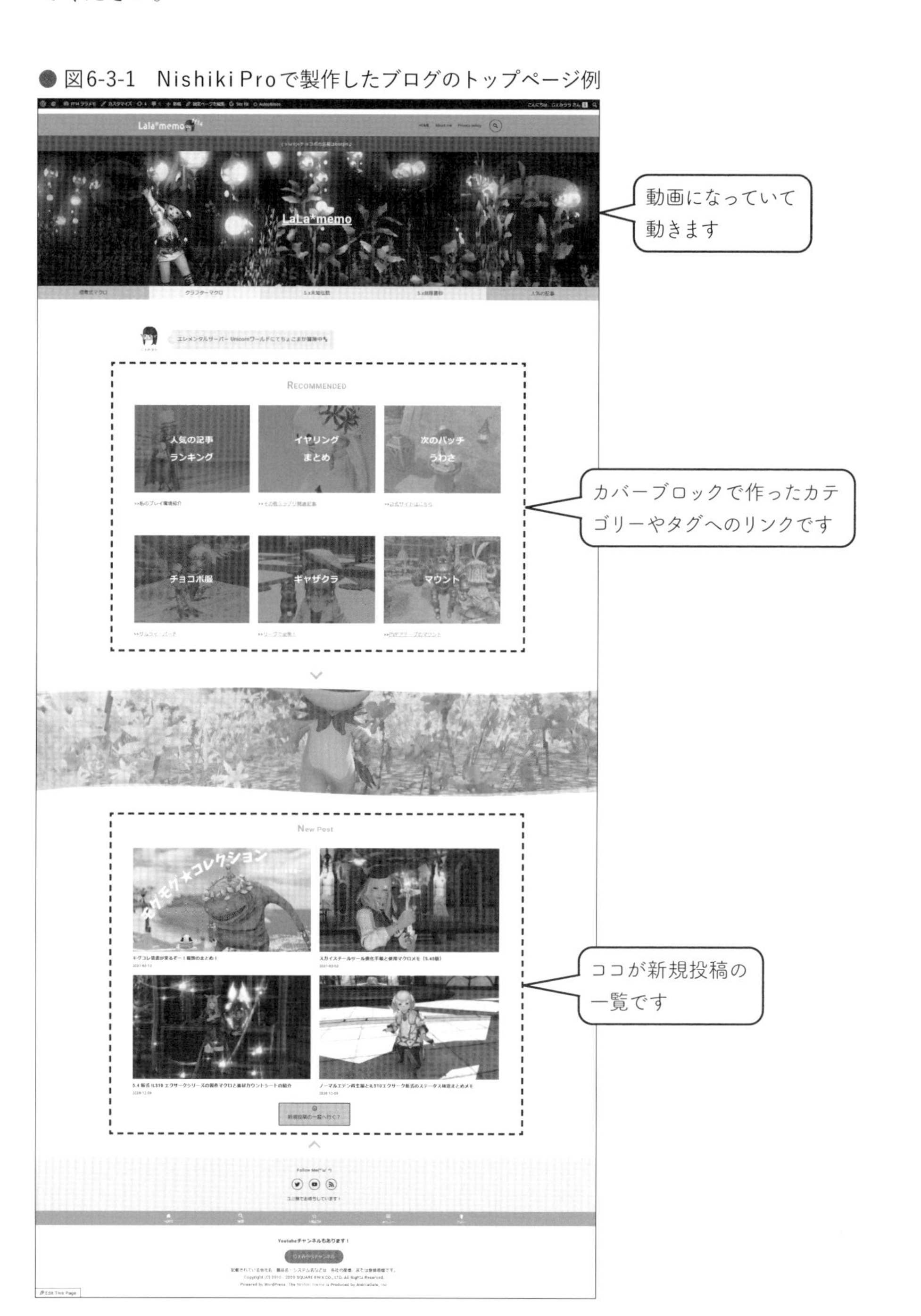

作者さんに相談しながら勉強会で作った外観です。ほぼワードプレスやNishikiPro付属の機能だけで構成されているトップページですが、だいぶ印象が変わるのではないでしょうか。

また記事ページについても、長い記事にとても便利な自動で作成される目次機能や、画像のスライダー、見出し付きファイルのようなタブブロック、吹き出しブロックなど機能が盛りだくさんです。

販売価格は税込みで19,580円（税抜きで¥17,800）、買い切りタイプです。有料テーマは他にサブスクリプションタイプもあります（月額や年額など利用期間に応じて支払いが発生します）。

機能の制限がないお試し版があるので、気になる方はダウンロードして試してみてくださいね。ただし、期間の指定こそありませんが、お試し版はアップデートが入らないので、セキュリティの関係上ずっと使うのはオススメしません…！

NishikiProの販売サイトでは、いろんな方が作ったサイトの写真も見られます。
（https://support.animagate.com/product/wp-nishiki-pro/）
お試し版もこちらの↑ページからダウンロードできます。ダウンロードしたワードプレステーマのアップロード方法は、この章の最後で紹介しています。

●ワードプレスには魅力的な無料のテーマが多数存在する！

また、もう1つオススメなのが「yStandard」というテーマです。こちらは、テーマ自体は無料で使えて、便利なブロックがひとまとめになった無料プラグインもあります。

今回は初心者向けの本なので、直接コードを書かずにいろんなカスタマイズができるNishikiを題材に説明しましたが、もう1つ、私がずっと愛用しているテーマがyStandardです！

●オススメの無料テーマ「yStandard」

群馬在住のWebエンジニアである“よしあかつきさん（通称よっひーさん）”が作った無料のワードプレスのテーマ「yStandard」は、非常に表示速度が速く、高機能な上にシンプルです。さらに、他のテーマにはない初心者向けの機能も盛り込まれているので、本当にオススメなんです！

よしあかつき.net
https://yosiakatsuki.net/blog

こちらは無料版のNishikiよりもさらに見た目がシンプルで、ある程度分かった人が自分でカスタマイズするためのテーマです。

有償のプラグイン「yStandard Toolbox」(税込8,800円)を購入して有効化すると設定項目が追加され、有料のテーマのように簡単なカスタマイズで外観を変えたりできるようになります。

何より嬉しいのが、専用の無料プラグインがあり、吹き出しブロックなどのみんながよく使うブロックが追加できるところですね♪

(yStandard Blocks→https://wp-ystandard.com/plugins/ystandard-blocks/)

図6-3-2と図6-3-3はyStandard（無料プラグインのみ追加）の状態で作ったサンプルサイトです。

yStandard Blocksプラグインを使うと、図6-3-3のようにマーカーで強調する装飾をあらかじめ好きな色で3種類用意でき、吹き出しブロックもよく使う画像を登録して簡単に呼び出せます。

● 図6-3-2 yStandardで作ったサンプルサイト

● 図6-3-3　無料の専用プラグインで便利に！

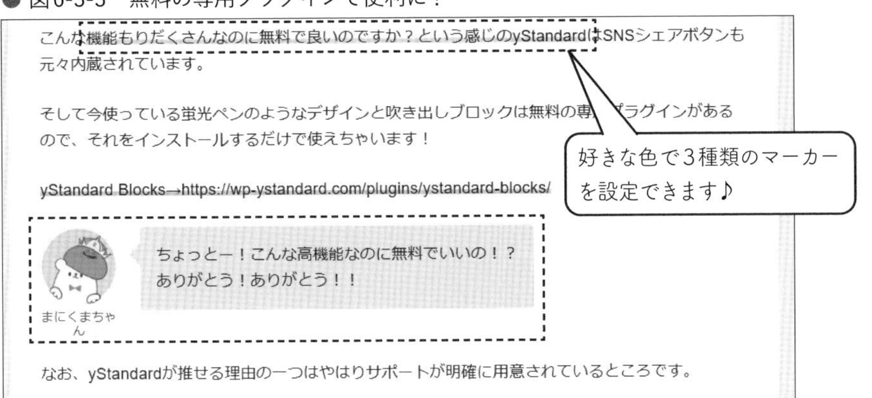

さて、Nishiki Proのお試し版やyStandardの本体をダウンロードしたら、どのようにインストールするかだけご紹介したいと思います。

●まずは使いたいテーマのファイルをダウンロードしよう

Nishiki Proお試し版のダウンロードページ https://support.animagate.com/product/wp-nishiki-pro/

● 図6-3-4　Nishiki Proお試し版のダウンロードページ

yStandardのダウンロードページ
https://wp-ystandard.com/download-ystandard/

● 図6-3-5 yStandardのダウンロードページ

yStandardに関しては、少しスクロールするとyStandard Blocksも同じページでダウンロードできます。必要であれば一緒にダウンロードしておきましょう。

ワードプレスの管理画面から［外観］→［テーマ］と開き、テーマの追加画面を開きます。［テーマのアップロード］をクリックすると図6-3-6のようになるので、［ファイルを選択］をクリックし、先ほどダウンロードしたファイルを選択します。

そして［今すぐインストール］をクリックし、インストールが終わるとテーマ一覧に並びます。

● 図6-3-6　テーマの追加画面

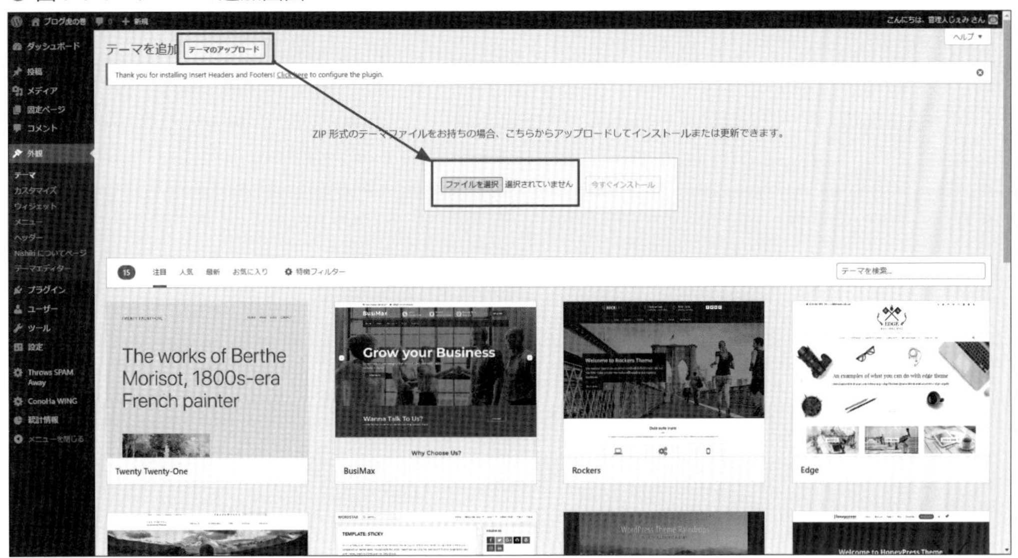

yStandard Blocksなどダウンロードしたプラグインを使う場合は、同じように管理画面の［プラグイン］→［新規追加］を開き、［プラグインのアップロード］を選択します。

興味が出たら試してみてくださいね。ですが、まずは何よりもブログの記事を更新するのが優先です！

はじめての
ブログを
ワードプレス
WordPressで
作る
ための本
WordPress5.X対応
[第3版]
BLOG

Chapter

7

そろそろ、ブログでお金を稼ぐことも考えてみよう！

Section 1

ブログで稼ぐための仕組みと大まかな種類について

●ブログに広告を貼ってみよう！！

せっかく、苦労してワードプレスでブログを作ったんですから、いずれは「ブログを使ったお金稼ぎ」をやりたいですよね。

少なくとも、運営費くらいは取り返したいじゃないですか。

ブログを使ったお金稼ぎで最もメジャーなのは、「記事に広告を貼り付けて稼ぐ」というやり方です。いわゆる「アフィリエイト」というネットビジネスですが、もちろんそれ以外にもいろいろな方法があります。

というわけで、この章では「ブログを使ったお金稼ぎの方法」について、いくつかご紹介していきたいと思います。やり方の詳細な手順解説は、それぞれの専門書にお任せするとして、本書では「こんな方法があるんだ！こういう風に稼ぐんだ！」という事実を、皆さんにお知らせしていきます。

おそらく、この章を読み終える頃には、ブログを更新し続けていくモチベーションが一気に高まると思いますよ！

●ブログ用のメールアドレスを作っておく

まずは大前提として、ブログ用のメールアドレスを作っておきましょう。普段プライベートで使用しているアドレスをそのまま用いるのではなく、ブログ専用として新しいアドレスを作ってくださいね。

ConoHa WINGで契約した人なら、追加した独自ドメインを使って無料でメールアドレスも使うことができます。Outlookやメールアプリに設定することもできますし、Webメールのようにインターネットブラウザから確認することも可能です。

● 図7-1-1　ConoHa WINGでメールアドレスを取得する（1）

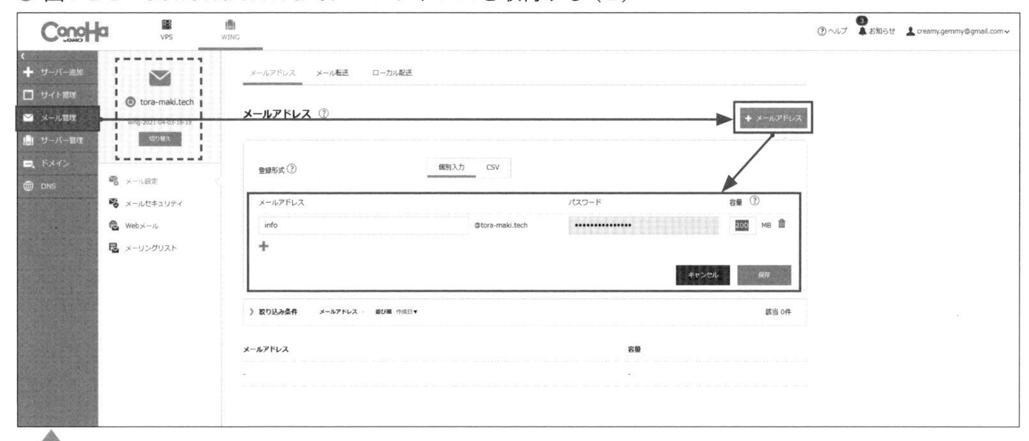

点線部分が設定したいメールアドレスのドメインになっているか確認しましょう。違う場合は〔切り替え〕をクリックすると変更できます。

ConoHa WINGの管理画面で［メール管理］を開き、［+メールアドレス］をクリックすると設定画面があらわれます。そちらに指定したいメールアドレスの@マークより前の部分を入力し、メール用のパスワードも入力して［保存］をクリックすれば完成です！

メールソフトに設定する情報などは、メールアドレスを作成した後に［メールアドレス詳細］というところで確認できます。

● 図7-1-2　ConoHa WINGのWEBメール機能が便利

ちなみに私は「info@〜〜.com」と「名前@〜〜.com」のように、「お知らせ用」と「なんでも会員登録する用」にアドレスを分けています。ConoHa WINGのWebメール画面は動作もなかなか速く、わりと使いやすい印象で、テンプレートの登録や自動返信なんかも設定できて便利です。

●どうしてブログ内に広告を貼ると、お金が入ってくるのか

その仕組みは、主に3種類あります

1つはクリック報酬型の広告、もう1つは物品販売（申し込み）型の広告、そして最後が記事広告です。

①クリック報酬型の広告とは

「クリック」と書いていますが、中には表示されるだけでお金が入ってくるものもあります。1クリックにつき○円というものから、Googleアドセンス（詳しくは後で説明します）のように、貼っておくと読者の好みや属性を予想して最適な広告を表示してくれるものまで、その種類は様々です。

②物品販売型の広告とは

この物品販売型とクリック報酬型の2つを合わせたものが、俗にいう「アフィリエイト」です。アフィリエイトでは、広告主と契約を結び、契約内容に応じて報酬をもらいます。物販型は、ブログを通してサービスや商品を売ることで、報酬を得ることができるシステムです。スマホのアプリをダウンロードしたり、資料請求で報酬が発生するものもあります。

Amazonや楽天市場、Yahoo!ショッピング、ニッセンなどの総合通販サイトや、クロックスや高島屋のような公式のショッピングサイトも、アフィリエイトプログラムにサービスを提供しています。

③記事広告とは

記事広告とは、雑誌やWebメディアなどで、その記事全体が広告文章になっているものをいいます。通常の記事にアフィリエイト広告が貼られている場合とは違い、記事を作成すること自体で報酬を得ます。記事広告は、多くのアクセス数を集めているブログや、専門のテーマやジャンル特化したブログなどに依頼が来ることが多く、ブログ運営を始めたばかりの時期には関係ないと思います。

●同じ内容を書いていても、契約してなければ報酬は発生しない

「この商品がお気に入りです！」と書いて、商品のリンクを貼ったとしても、アフィリエイトプログラム契約をしていなければ報酬は発生しません。

また、公式サイトが公開している画像を勝手に使うのは著作権の侵害になりますが、アフィリエイトプログラムの契約をすると、商品画像などを使わせてもらえる場合もあります。そうなると安心して紹介できますし、買ってもらえれば報酬も発生するというありがたい仕組みなのです。

●まずはASP（アフィリエイトサービスプロバイダ）と契約する

アフィリエイトプログラムと契約すると、あなただけの識別番号が付与されたURLが発行され、それを元に成果を計測してくれます。しかし、一社一社と広告の契約していたのでは、私たち書く側も大変ですし、管理する会社はもっと大変ですよね。全員に振込対応するとか、気が遠くなります。

そんな不便を解決するために、ブログ運営者と広告主（メーカー）の間を取りもってくれるサービスがあります。それが、ASP（アフィリエイトサービスプロバイダ）です。

ASPと契約するだけで広告や収益の管理、振込手続きもしてもらえ、広告主もASPとやりとりをするだけで基本業務が完了するという、とてもありがたいサービスなのです。仲介業者のような存在ですね。

なお、Amazonや楽天市場などは、ASPと契約して広告を貼る以外にも、独自のアフィリエイトシステムを用意しています。慣れるまでは、ASP経由で広告を貼っても良いですが、料率が異なったり広告の自由度が減ったりするので、Amazonや楽天については、いずれは直接契約した方が良いでしょう。

ただし、楽天に関しては基本的にポイントで付与されるため、現金化するのに手数料がかかります。そのため、あえてASP経由で広告を貼り 、報酬を現金でもらう！、という方もいます。

以下に有名なASPをまとめていますので、参考にしてみてください。

▼有名なASP

A8.net(https://www.a8.net/)
ValueCommerce(https://www.valuecommerce.ne.jp/)
LinkShare(http://www.linkshare.ne.jp/)
もしもアフィリエイト（http://af.moshimo.com/）
イークリック（http://www.e-click.jp/）
JANet(http://j-a-net.jp/)
アフィリエイトB(https://www.affiliate-b.com/)
Amazonアソシエイト（https://affiliate.amazon.co.jp/）
楽天アフィリエイト（https://affiliate.rakuten.co.jp/）

ASPは複数あり、初心者に優しいところ、振込手数料が無料なところなど様々です。それぞれ力を入れている分野が違ったり、大手だと報酬が違ったりするので、いろいろと登録してみると良いと思います。

今回は、ブログを持っていなくても申し込める、初心者にも嬉しいASPである「A8.net」を例にとって、流れを説明していきますね。

①まずはA8.netに登録

ブログの情報や、おおよそのアクセス数、それと振込先口座や住所なども登録します。

A8.netは少し特殊で、サイトがない状態でも申し込めます。ですが、ASPによっては、ASPに登録するためのブログ自体の審査があります。

この審査は、違法な提案をしていないか、きちんと更新されているサイトか、といったことをチェックするためのものですので、3ヶ月ほどちゃんと更新していたあなたのブログであれば、大丈夫だと思いますよ。

②広告を契約するため、審査を申請する

非常にたくさんの広告主（プログラム）がいますので、紹介したい商品を扱っている広告主を検索し、「広告を載せたい」と申し込みます。すでにA8.netに情報を登録してあるため、クリックするだけで申し込めるから簡単です！

③広告主から承認が出ると、メールでお知らせ

即時承認してくれる広告主も多いですが、中にはじっくり審査していて、1〜2週間連絡がこないこともあります。不安がらず、気長に待ちましょう。

ちなみに、審査に落ちてしまうケースですが、例えばサイトが未完成の状態と判断されたときや、広告主の希望するターゲット層向けのサイトではないと判断されると、落ちることがあります（40代男性のゲームブログに、20代女性向けの化粧品など）。

でも、審査に落ちてしまったからといって、あなたのブログがダメという意味ではないので、気を落とさないでくださいね。

実は私も、たまに落ちます（笑）。

④承認された広告主のプログラムからリンクを作成し、ブログに貼る

画像付きの「バナー」と呼ばれる広告やテキスト広告の他に、広告主によっては商品ページに対して個別の広告リンクを作ることができます。こういったものを組み合わせて、ブログの記事の中のリンクを広告にすることも可能です。

例えば、第6章で紹介した「yStandard」というテーマは、ブログ全体に表示したい広告を入れるのがとても簡単です。図7-1-2のように、PCで見た場合とスマホで見た場合で、それぞれ適した広告に変更することも可能なんですよ！

● 図7-1-2 ブログに広告を貼ったイメージ（左：PC・右：スマホ）

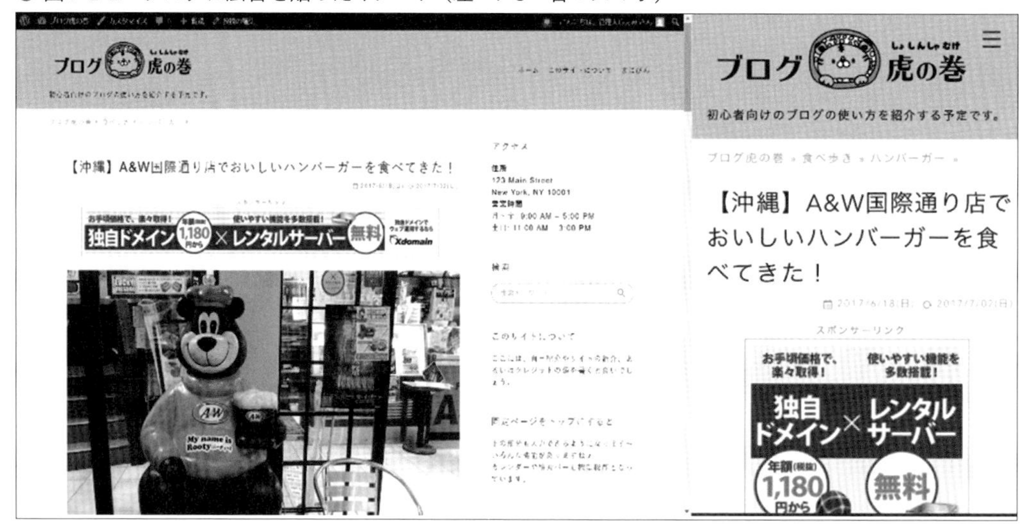

Nishikiでは、記事に合った個別の広告を挿入し、よく使う広告はブロックに登録するのがオススメです。なお、Pro版では任意の場所に差し込める「コンテンツ作成」という機能があります。

私の最近のお気に入りの方法は、再利用ブロックで広告を管理することです。同じ広告を表示したい複数の場所で一気に広告を変更できます。

●売り上げは自動で集計される

広告から商品が販売されると、未確定の情報として、まずはお知らせが入ります。そして、お客さんからの代金支払いが確認されると、「確定」されます。この確定された報酬＝「確定報酬」が、設定されている支払い条件を超えた場合、翌々月に振り込まれます。

ちなみにA8.netでは、1,000円以上の確定報酬があれば、任意のタイミングで翌月の振込を申し込みできる「キャリー・オーバー方式(繰り越し式)」と、「1,000円支払い方式」「5,000円支払い方式」がありますよ！（5,000円支払い方式は、確定報酬が5,000円を超えると翌月に振り込まれます）

●自己購入して、お得に商品をゲットする

ASPの嬉しい特典として、「自分での購入OK」という商品が多数あります。自己購入OKの広告主が発見できれば、商品を買って報酬はもらえるし、気に入った商品を紹介して読者が購入したらまた報酬が発生するという、嬉しいサイクルが生まれるわけです。必ず紹介しなければいけないものではないので、気軽に試してみると良いと思いますよ（私も、格安スマホを申し込んだり靴を購入したりと、お世話になってます）。

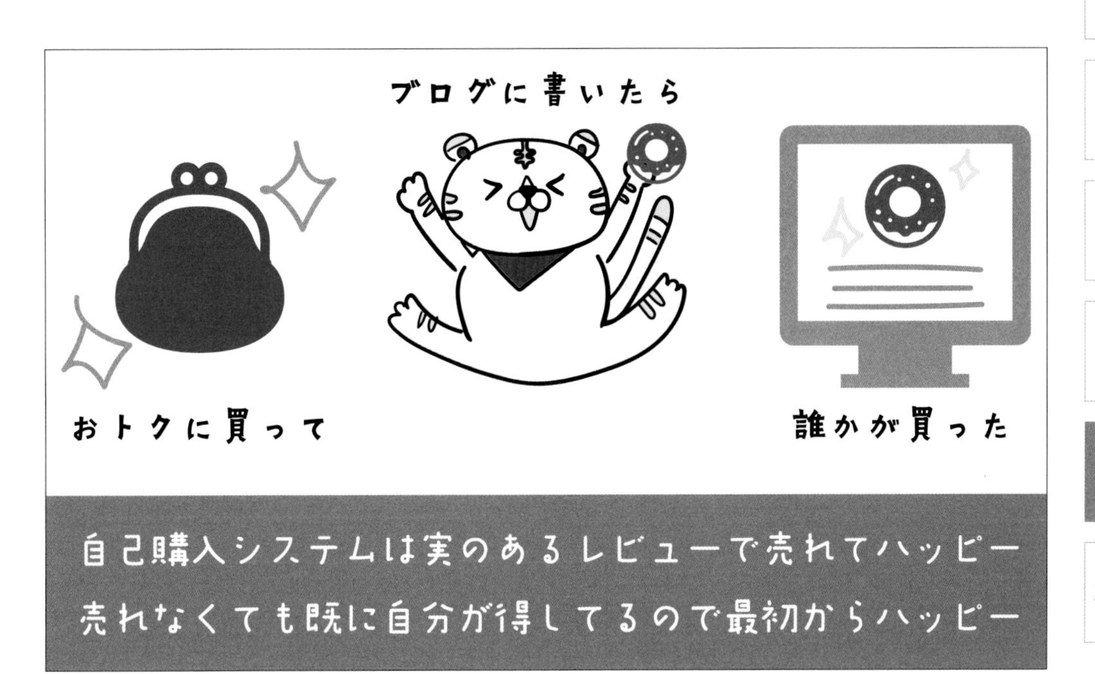

ちなみにA8.netの場合は、自己購入できるプログラムが「セルフバック」という名前でまとまっている特集もあり、大変見やすいです。

ただし、対象の条件が広告主によって様々で、セルフバックのサイトからはOKだけどブログに貼った広告からはNGとか、「この商品だけ対象」とか様々ですので、買う前に条件をよく読んでみてくださいね。

特に、基礎化粧品などは雑誌に掲載されている商品を自己購入するだけで、本体価格の半分くらい報酬でもらえてしまうプログラムなどもあり、さらにブログで紹介して売れても報酬が高額だったりするので、ぜひともチェックしてみてください！

●ブログの空き地を利用するクリック報酬型の広告

このタイプで一番有名なのは、「Googleアドセンス」です。

Google AdSense https://www.google.co.jp/adsense/

Googleアドセンスは、見ている人の属性を予想して、興味のありそうな広告を自動で表示してくれます。最近検索したものなどで広告が変わったりした体験、あなたにもありませんか？　あの機能は、特に広告を貼る側が気にする必要なく、ブログにコードを設定するだけで自動で切り替わってくれるのです。

なおGoogleアドセンスには、使うための規約があり、求められるブログの条件もしっかりしています。暴力的な表現や過度な飲酒をすすめるもの、セクシーすぎるものなどは、規約違反となります。基本的に、子供に見せられる内容であれば問題ありませんが、少し審査が厳しめなので、しっかりブログの記事を貯めてから申し込みましょう。

ちなみに、各ASPにもクリック報酬のある広告があるのですが、単価が低いので、それよりもブログの内容に合った広告を貼っておいた方が良いと思いますよ！

Section 2

ライターのお仕事やイベント招待など、いろいろな可能性がある！

●ブロガーイベントで作成秘話など中の人の話が聞ける！

当たり前のことですが、広告収入だけがブログの魅力ではありません。

例えば、雑誌の1ページ広告や、テレビの数十秒CMのような、限られたスペースや時間の中では、とうてい生産者の想いを伝えきれない商品って、たくさんありますよね。そしてどの商品も、開発者たちの熱い想いを受けて作られているので、そんなお話を聞くのは本当に楽しいです！！

こういったブロガーイベントに参加したい方は、興味のある商品や会社のSNSをフォローして積極的に情報を集めましょう。

また、「○○アンバサダー」みたいな、「商品の良さを伝えてくれる人募集！」といったプログラムに参加すると、定期的に新商品やオススメ商品のお知らせが届いたり、アンバサダーでないと申し込めないイベントに参加できたりします。

● 図7-2-1　Surfaceアンバサダーとして発表会に行ってきたときのお土産レビュー

このイベントのときは、私はSurfaceアンバサダーとして、日本発表会にお邪魔させていただいたり、プロのイラストレーターさんや写真家さんのお話を聞けたりと、貴重な体験をしました。これも、始まりは他の製品のアンバサダーとして活動中に、一生懸命ブログでレビューを書いたことがきっかけだったんです。イベントに参加した人のブログ（SNSの発言もですが）とか、実は中の人、メチャメチャ読んでくれています。

●新商品を早々にお試しできたりする！

イベントによって様々ですが、中には現品を丸ごとくださる場合もあります。イベント中だけ限定で、発売前の商品に触れられることもあります。だから私は、普段はブロガーと名乗らないくせに、こういうときだけブロガーと名乗ります。ありがたいです！

● 図7-2-2　Xperia Z5発売時期に1ヶ月モニターさせていただいたときのブログ

● 図7-2-3　ASP経由のサンプリングレビューの例

また、たまにブログのお問い合わせフォームやメールアドレス宛に、「このアイテムを紹介してもらえませんか？」などと、サンプリングレビューを依頼されることもあります。ブログの内容に合っている場合は紹介しますが、もらったものでもヨイショして書くということはしたくないので、そういう場合は書けない旨をお伝えしています。

それなら止めておきます、というあっさりした依頼主もいますが、大半は良くないと思ったら「その部分だけ教えてください」と言われることが多いです。

ブログを長く運営していること、こういうメールって結構来ますので、レアな体験をするチャンスが生まれるかもしれませんよ！

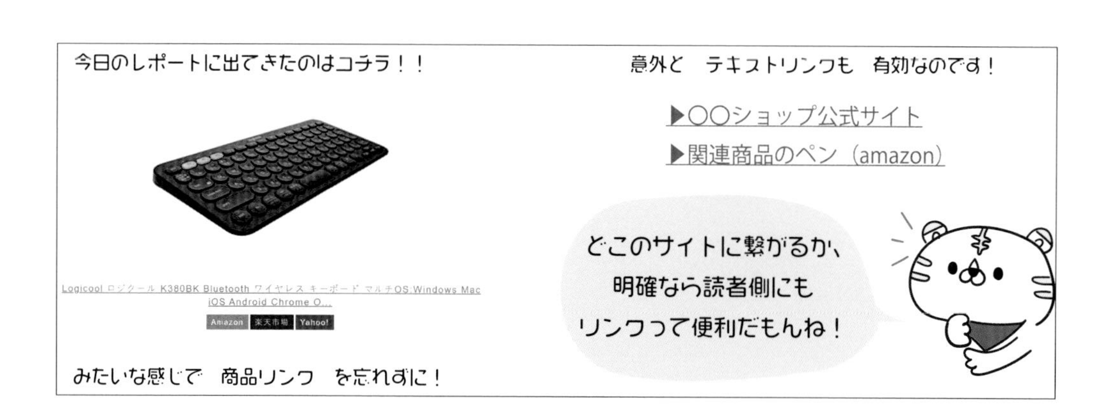

●記事広告のお誘いもきたりする！

ある程度ブログの記事を貯めつつ、さらに顔の広い知り合いなどがいないと出会いづらいレアなチャンスかもしれませんが、「料金を出すので、旅行してきて町の魅力を伝えて欲しい」とか「この新商品の良さをレビューして欲しい」、「イベントに参加してレポートして欲しい」など、広告主側から依頼が来ることがあります。226ページに出てきた「記事広告」がこれにあたります。

この場合は記事全体が広告となり、特にその記事から直接売り上げが発生しなくても報酬をいただけたりします。自分のブログメディアでライターをしたような感覚でしょうか。

● 図7-2-4　Boseのイベントレポートの記事広告例

記事広告の場合は、下書きの段階で広告主のチェックが入ることがほとんどです。表現の修正が入ることもありますが、基本的には自分の好きなように書かせてくれます。

「広告主が何を望んで、記事広告を依頼したのか」という点に注目して書けば問題ありませんので、チャンスがあればぜひチャレンジしてみてくださいね！

●ライターの仕事もできる！

ライターの仕事をやりたい場合は、ライターを募集しているメディアに応募しましょう。また、ブログをしている知り合いがいれば、「ライターやってみたい！」と公言すると、どこからともなくお仕事のお誘いが来ることもあります。ただし、ライターに関しては完全に"お仕事"なので、納期や文字量、自分が興味がない部分も、読者層が知りたい内容は魅力的に書けるスキルが必要ですからね。

多くの場合、最初にサンプル原稿を求められます。バイトの面接みたいなものです。

媒体によってカラーが様々なので、もし落ちてしまった場合でも、文章力を上げる努力をするのは必要ですが、カラーが合わなかっただけという可能性も多いので、あまり気にしないようにしてください。

ライターをやってみたい人は、なりたい分野のブログ記事をライターになったつもりでたくさん書くと、サンプル原稿にもなるし、文章力も向上するしで、まさに一石二鳥です！

また、1つの媒体からお仕事をもらい一生懸命書いていると、他の媒体からもお声がかかったりしますよ。

なお、最近では「ランサーズ」や「クラウドワークス」といった、「クラウドソーシングサービス」が充実しています。クラウドソーシングとは、簡単にいうとネット経由でお仕事を発注・受注できるサービスです。登録は無料で、ライターやデザインの仕事など、たくさんのチャンスが転がっていますから、ぜひ一度、見にいってみてくださいね！

ランサーズ
http://www.lancers.jp/

クラウドワークス
https://crowdworks.jp/

●この本の著者は、ブログだけでどれくらい稼いでいるのか

では、正直に書きましょう。

ブログだけの収益は、月に8万円から35万円程度です。プラス、ブログをやっていたからこそ、いただくことができたお仕事（ライターとして他媒体に寄稿、Webサイトの作成代行、ブログやパソコン自体の使い方相談、名刺やチラシ作成などいろいろ）もあります。そちらの分も合わせると、結構素敵な金額になっていると思いますよ。そもそも、この本の執筆だって、ブログをやっていたからこそお話をいただけたわけですから。

ブログを続けていれば、きっと良いことがあります。

ですから皆さんも、せっかくここまで読んでくれたわけですから、絶対に頑張って更新していってくださいね！

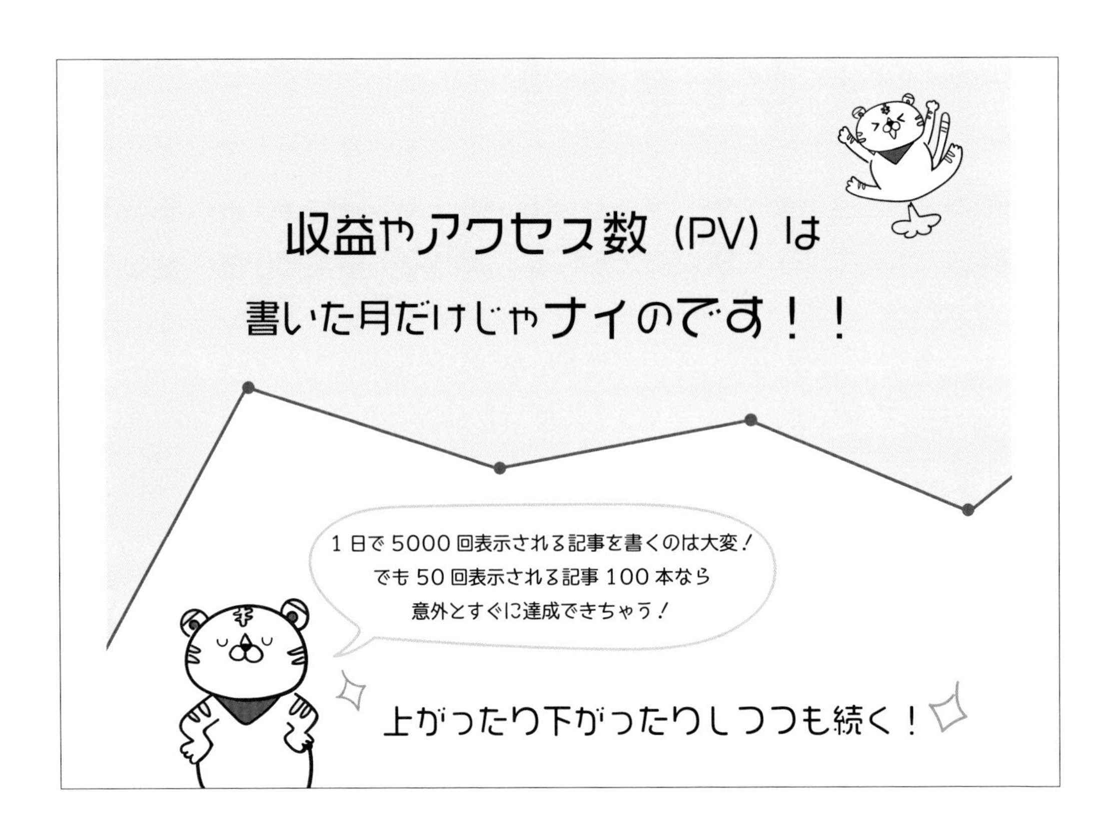

おまけ

「スマホで読まれる」ことを意識しよう！

今やスマホで読む人が半数以上、くらいに考えておくべき！

●ワードプレスは「自動的に良い感じに表示」してくれる

　ワードプレスでは、ほとんどのテーマが様々な画面サイズに自動で対応してくれます（レスポンシブデザインといいます）。もちろん、スマホ用はスマホ用でデザインをしっかり考えることもできますが、詳しくない人でも手軽に使えてありがたいですよね。

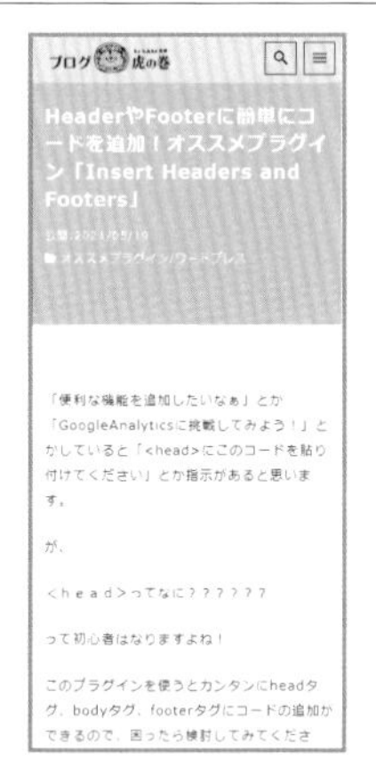

画面のサイズによって自動的に適切な配置にしてくれます！

今やブログのジャンルによっては、スマホで閲覧する人が8割にまで上るため、必ず「スマホで読まれると、どういう風に見えるのか」について意識しておかねばなりません。

また、普段パソコンを使ってブログを書く人の場合、なかなかスマホ閲覧者の気持ちに気付けないことも多いです。自分で書いたらぜひスマホでも読んでみて、「見づらいところや読みにくいところがないか」を気にしてみましょう。

●スマホで見ると「文字だらけ」になるという罠

ワードプレスは、自動的にいろいろな画面サイズのスマホやタブレットに対応してくれます。だからこそ、「スマホで見ると文字だらけ」という罠に陥りがちなのです。

もちろん、それを回避するためのポイントもちゃんとあります。

以下にあげていきますので、しっかりと対策するようにしてくださいね！

①文字は大きめにする

テーマ「yStandard」の初期設定の文字サイズは、大きめになっています。また、最近のブログのトレンドも、大きめの文字が好まれる傾向があります。

だから、特別な意図がない限りは、大きめの文字設定にしておきましょう。

②適度に空行を入れる

PCで見ると、一文一文の後に空行があって不思議に感じるブログってありますよね？

でも、実は同じページをスマホで見ると、次ページのイメージ図の左側のようになるんです。そして、空行を入れずに改行だけした場合が、図の右側です（iPhone Xで見ているとこの程度ですが、コンパクトサイズのスマホで見ると、もっと大きな字の塊になります）。

どうですか？　かなり、見やすさが変わるのではないでしょうか。

とはいえ、空行を多くしすぎてしまうと、記事が縦に長くなり、スマホユーザーはスクロールが大変です。途中で読むのを止めてしまうかもしれません。

ですから、空行はあくまで「適度に」入れてくださいね。。

AddQuicktagというプラグインを使うとテキストエディタに任意のボタンを作成することが出来ます。これの何が便利かというと定型文やよく使うタグをいちいち手打ちしなくてよくなるところです。

ちなみに複数サイトを運営している場合は設定をエクスポート（出力）して、そのファイルをインポート（入力）して使うことも出来ます！

私が愛用しているボタンたちのファイルはコチラからダウンロードできます。また、見出しのデザインや文字の装飾など一部はクラス名から呼び出ししているので、後半のコードを外観のCSS編集にコピペしてくださいね。

▲▼適切に空行を入れた場合

AddQuicktagというプラグインを使うとテキストエディタに任意のボタンを作成することが出来ます。これの何が便利かというと定型文やよく使うタグをいちいち手打ちしなくてよくなるところです。

ちなみに複数サイトを運営している場合は設定をエクスポート（出力）して、そのファイルをインポート（入力）して使うことも出来ます！

私が愛用しているボタンたちのファイルはコチラからダウンロードできます。また、見出しのデザインや文字の装飾など一部はクラス名から呼び出ししているので、後半のコードを外観のCSS編集にコピペしてくださいね。

▼改行だけした場合

AddQuicktagというプラグインを使うとテキストエディタに任意のボタンを作成することが出来ます。これの何が便利かというと定型文やよく使うタグをいちいち手打ちしなくてよくなるところです。
ちなみに複数サイトを運営している場合は設定をエクスポート（出力）して、そのファイルをインポート（入力）して使うことも出来ます！
私が愛用しているボタンたちのファイルはコチラからダウンロードできます。また、見出しのデザインや文字の装飾など一部はクラス名から呼び出ししているので、後半のコードを外観のCSS編集にコピペしてくださいね。

③句読点以外の場所で改行をしない

自分のスマホで見やすい位置で区切って改行をする人がいますが、PCで見た場合や他のスマホで見た場合には、かえって変な位置で区切られてしまい、読みづらくなることがあります。

基本的には、「。」の位置で改行すれば十分だと思ってください。

④一文をなるべく短くする

興奮を伝えようとして勢い任せに書いてしまうと、一文ってつい長くなりがちです。

例えば、次の例を見てください。

このお店の豚骨ラーメンってすごく時間がかかっていて、クリーミーだし臭みもあまりなくて本当においしいから替え玉も無料らしいし2回も替え玉しちゃった！！

オススメしたい気持ちは分かるのですが、前提条件なく読んでいると、「ん？」と一瞬悩んでしまう文章です。一文が長いと、装飾語がどこにかかっているのか、何が言いたいのか、分かりにくくなりがちです。
では、次のようにしてみたらどうでしょうか？

このお店の豚骨ラーメンは、仕込みにすごく時間をかけているそうです。そのせいか臭みもあまりなくクリーミーで本当においしい！ 思わず、無料の替え玉を2回もしてしまいました！

かなり読みやすくなったのではないかと思います。もちろん、あえて読みにくくして、オチで笑わせるといった方法もありますが、それだとオチにたどり着くまで読んでもらえるかが難しいところなんですよね。
私自身も、「読みやすいに越したことはない」という思いで日々書いていますが、気付くと一文が長いし誤字脱字も多いというブログ5年生です。

1
2
3
4
5
6
7
おまけ

さて、これで本書はおしまいです。
ブログをやる上で一番大事なのは、「やめないこと」です。分かりやすい成果が出ないと辛くなってきてしまうのも分かります。そこで、ブログにはぜひあなたの好きなこと、好きなものをたくさん書いてください。検索して自分のページが出てきたりすると、ものすごく嬉しくなりますし、読み返しても楽しい気持ちになれる自分の居場所になりますよ。

楽しいと思ってマイペースに続けていると、いつの間にか成果も後からついてきます。そんな楽しいブログの開設のお手伝いができたのなら、私もとても嬉しいです。

この本を手に取っていただき、本当にありがとうございました！

索引

アルファベット

あ行

か行

さ行

た行

な行

は行

ま行

や行

ら行

わ行

著者紹介

執筆

じぇみ じぇみ子

ブログメディアの運営やLINEスタンプの販売・WEBメディアへの寄稿を中心に、チラシデザインやWEBサイト制作なども受注するフリーランスとして活動中。

会社員時代は、パソコンやインターネットに関するテクニカルサポートに従事し、顧客満足度をあげるための研修も担当。そのときの知識を活かしパソコン初心者向けのブログ講師や、地方自治体やママ世代で「全く分からない」人向けのSNS発信・SEOに関する講演活動も行う。

寄稿先：多摩市広報サイト「丘のまち」、結婚スタイルマガジンなど

監修、執筆

染谷昌利（そめや まさとし）

株式会社MASH代表取締役。1975年生まれ。埼玉県出身。12年間の会社員生活を経て、インターネットからの集客や収益化、アフィリエイトを中心としたインターネット広告の専門家として独立。現在はブログメディアの運営とともに、書籍の執筆、企業や地方自治体のアドバイザー、講演活動も行う。All Aboutアフィリエイトガイドとしても活動中。

主な著書に『ブログ飯個性を収入に変える生き方』（インプレス）、『成功するネットショップ集客と運営の教科書』（SBクリエイティブ）、『はじめての今さら聞けないアフィリエイト入門（秀和システム）』が、監修に『頑張ってるのに稼げない現役Webライターが毎月20万円以上稼げるようになるための強化書（秀和システム）』がある。

●注意
(1) 本書は著者が独自に調査した結果を出版したものです。
(2) 本書は内容について万全を期して作成いたしましたが、万一、ご不審な点や誤り、記載漏れなどお気付きの点がありましたら、出版元まで書面にてご連絡ください。
(3) 本書の内容に関して運用した結果の影響については、上記(2)項にかかわらず責任を負いかねます。あらかじめご了承ください。
(4) 本書の全部または一部について、出版元から文書による承諾を得ずに複製することは禁じられています。
(5) 商標
本書に記載されている会社名、商品名などは一般に各社の商標または登録商標です。

本書は、2021年6月現在の情報を元に執筆されています。本書で紹介しているサービスの内容などは、告知無く変更になる場合があります。あらかじめご了承ください。

■カバーデザイン
高橋康明

はじめてのブログを
ワードプレスで作(つく)るための本(ほん)［第(だい)3版(はん)］

発行日　2021年 7月25日　第1版第1刷

著　者　じぇみじぇみ子(こ)
監／著　染谷(そめや)　昌利(まさとし)

発行者　斉藤　和邦
発行所　株式会社　秀和システム
〒135-0016
東京都江東区東陽2-4-2　新宮ビル2F
Tel 03-6264-3105（販売）Fax 03-6264-3094
印刷所　図書印刷株式会社　Printed in Japan

ISBN978-4-7980-6504-5 C3055

定価はカバーに表示してあります。
乱丁本・落丁本はお取りかえいたします。
本書に関するご質問については、ご質問の内容と住所、氏名、電話番号を明記のうえ、当社編集部宛FAXまたは書面にてお送りください。お電話によるご質問は受け付けておりませんのであらかじめご了承ください。